钩编圆滚滚的瓦尤包袋

日本 E&G 创意 / 编著
蒋幼幼 / 译

中国纺织出版社有限公司

目录 Contents

13 / 14
p.16, 17

15 / 16
p.18, 19

17 / 18
p.20, 21

19 / 20
p.22, 23

21 / 22
p.24, 25

p.26~28　　基础教程

p.28~29　　重点教程

p.29　　　 本书使用材料介绍

p.60~63　　钩针编织基础

包身的图案是瓦尤族的传统鱼眼花样。
在整体设计中，柠檬黄色和樱桃红色作为对比色十分抢眼。

1

2

制作方法 p.30, 31
设计 丰秀环奈
制作 今井静枝
线材 eco-ANDARIA

1/2

制作方法　p.32~34
设计　冈真理子
制作　大西二叶
线材　eco-ANDARIA

3 / 4

经典的锯齿花样包包简单又结实，容量也很大。随身物品比较多的时候用起来非常方便。

3

4

这款条纹花样的包包,清新的配色十分引人注目。
可以整体使用花样或部分使用花样,请选择自己喜欢的设计进行编织。

制作方法　p.35~37
设计　河合真弓
制作　关谷幸子
线材　eco-ANDARIA

5 / 6

制作方法 p.38~40
设计&制作 沟畑弘美
线材 eco-ANDARIA

7 / 8

侧面的双色编织非常简洁，底部的花样极具个性。两者的反差使包包充满魅力。因为尺寸比较大，可以容纳很多物品。

7

8

制作方法 p.41~43
设计&制作 桥本真由子
线材 eco-ANDARIA

9 / 10

9

线条勾勒的菱形花样别具特色。
可爱的小尺寸包包最适合短暂外出时使用了。

10

制作方法　p.44~46
设计　丰秀环奈
制作　11 丰秀环奈，12 尾崎佐和子
线材　eco-ANDARIA

11 / 12

12

三角形花样的包包色彩明快。两种花样的配色都很鲜明，编织的过程充满乐趣。试着搭配自己喜欢的颜色吧。

底部的几何花样是瓦尤包的一大特色。将通常没有图案的包底也编织了花样，更加突显了瓦尤包的设计感。

1/2 p.4, 5　3/4 p.6, 7
5/6 p.8　7/8 p.9
9/10 p.10, 11

11/12 p.12, 13
13/14 p.16, 17
15/16 p.18, 19
17/18 p.20, 21
19/20 p.22, 23
21/22 p.24, 25

竹篮花样的大容量包包是非常方便日常使用的款式。
提手是双层结构,结实耐用,放入很多物品也不用担心会损坏。

制作方法 p.47, 48
设计 冈本启子
制作 宫崎满子
线材 eco-ANDARIA

13 / 14

菱形花样的包包圆鼓鼓的,煞是可爱。根据不同的使用场合,编织时可以适当调整提手的长度。

15

制作方法　p.49~51
设计&制作　沟畑弘美
线材　eco-ANDARIA

15 / 16

16

锯齿花样的包包配色十分漂亮。
3种颜色合理搭配，整体设计给人素净雅致的感觉。

17

18

制作方法 p.52~54
设计 冈真理子
制作 大西二叶
线材 eco-ANDARIA

17/18

19

制作方法　p.55~57
设计　冈本启子
制作　枡川幸子
线材　eco-ANDARIA

19 / 20

20

这款包包的特点是菱形花样，分为整体使用花样和部分使用花样两种设计。无论是彩色还是黑白色调，都非常百搭，方便实用。

这款包包的特点是别致的六角形花样。小巧的尺寸方便携带，不妨多编织几个，外出时换着使用吧。

制作方法 p.58, 59
设计&制作 沟畑弘美
线材 eco-ANDARIA

21/22

基础教程 Basic Lesson （通用的基础技法）

配色花样中配色线的换线方法（包住渡线钩织的方法）

〈1行2色的情况〉

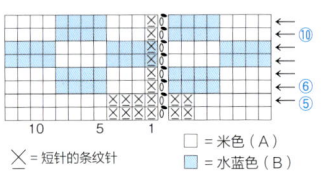

下面以这个编织图为例进行说明。如果是短针的配色花样，将短针的条纹针改成短针即可。

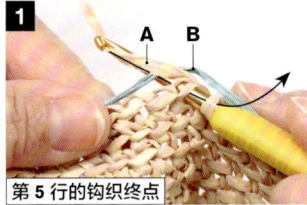

第5行的钩织终点

第5行用A色（米色）线钩织。钩织至第5行最后的引拔针时，如图所示将第6行的配色线即B色（水蓝色）线挂在针上一起挑针，钩织引拔针。

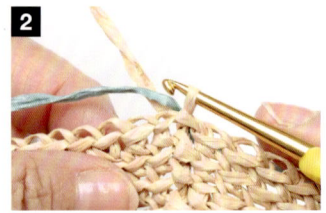

图为钩完引拔针，第5行完成后的状态。

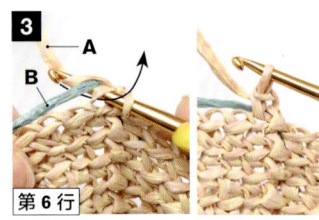

第6行

第6行一边交换配色线一边钩织。先钩1针锁针起立针，如左图所示，连同B色线一起挑针，将B色线包住，用A色线钩3针短针的条纹针。右图是用A色线钩完第1针后的状态。

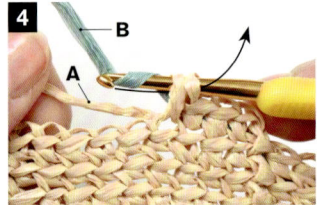

第4针包住暂时不用的B色线（渡线），用A色线钩织未完成的短针的条纹针，接着在针头挂上B色线引拔。

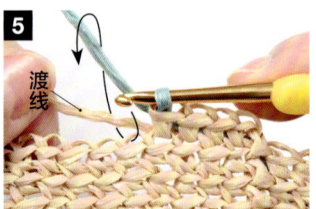

引拔后，用A色线钩织的第4针完成，编织线换成B色线。接着，如箭头所示，将A色线（渡线）包住，用B色线钩织至第7针。

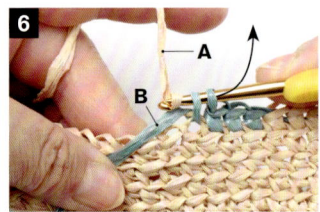

第8针将A色线包住，用B色线钩织未完成的短针的条纹针，接着在针头挂上A色线，如箭头所示引拔。

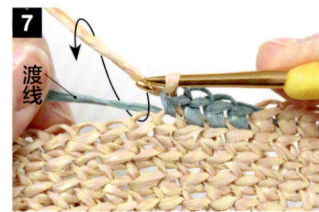

用B色线钩织的第8针完成，编织线换成A色线。

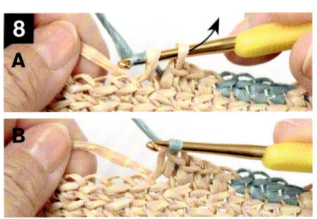

按上述要领，一边包住暂时不用的线（渡线）一边钩织。钩织至换色的前一针时，交换编织线后继续钩织。图中是第12针完成后的状态。

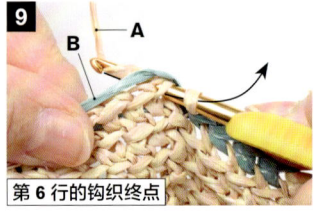

第6行的钩织终点

钩织至最后一针短针的条纹针时，将编织线换成下一行第1针的A色线。钩织最后的引拔针时，在第1针里插入钩针，连同B色线一起挑针，在针头挂上A色线，如箭头所示引拔。

第6行完成，B色线也引拔至下一行。

按上述要领一边交换配色线一边继续钩织。图中是第11行完成后的状态。

〈1行3色的情况〉

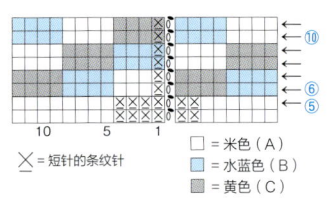

下面以这个编织图为例进行说明。

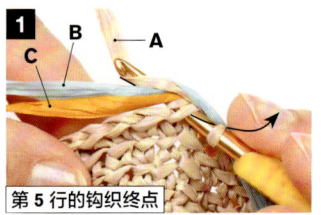

第5行的钩织终点

第5行用A色（米色）线钩织。钩织至第5行最后的引拔针时，如图所示将第6行的配色线即B色（水蓝色）线、C色（黄色）线挂在针上一起挑针，钩织引拔针。

图为钩完引拔针，第5行完成后的状态。

第6行

第6行一边交换配色线一边钩织。先钩1针锁针起立针，接着连同B色线和C色线一起挑针，将它们包住，用A色线钩织短针的条纹针。

4	5	6	7
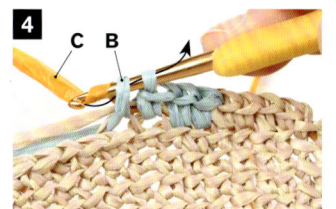		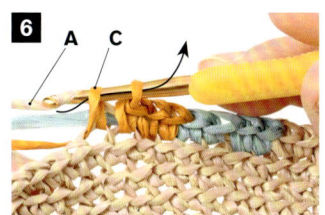	
按〈1行2色的情况〉步骤 4 ～ 6 相同要领继续钩8针，第8针用B色线钩织未完成的短针的条纹针，在针头挂上C色线，如箭头所示引拔。	引拔后，第8针完成，编织线换成C色线。	接着将A色线和B色线包住，用C色线继续钩织，第12针钩织未完成的短针的条纹针，在针头挂上A色线，如箭头所示引拔。	图为第12针完成，编织线换成A色线后的状态。按上述要领，一边包住暂时不用的线（渡线）一边钩织。钩织至换色的前一针时，交换编织线后继续钩织。

在皮革包底上挑针钩织短针的方法   ※ 皮革包底上有编织用的小孔。在小孔中挑针钩织第1行。

〈1个小孔中钩入1针〉　　　　　　　　　　　　　　　　　　　　　　　　　　　　　　　　　〈1个小孔中钩入2针〉

1	2	3	4	5	6
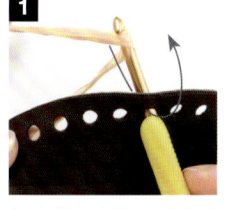	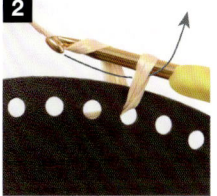	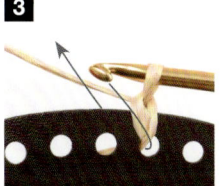		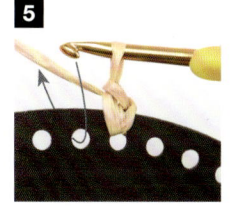	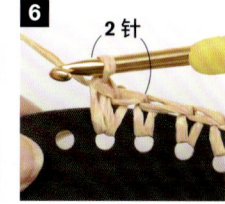
在皮革包底的小孔中插入钩针，挂线后拉出。	针头再次挂线引拔。	这是1针锁针起立针完成后的状态。在同一个小孔中插入钩针，钩1针短针。	图为1针短针完成后的状态。	将针上的线圈稍微拉长一点，在下一个小孔中钩织短针。用相同方法继续在皮革包底的每个小孔中钩1针短针。钩织时，注意短针的头部要与皮革包底的边缘贴合。	根据作品需要，有时会在同一个小孔中钩入2针短针。

无痕收尾的方法　　※ 与引拔针收尾相比，无痕收尾的针脚更加整齐美观。

1	2	3	4

钩织结束后留出长15cm左右的线头剪断，取下钩针，将线头拉出。	将线头穿入手缝针，在最后一行第2针的头部插入手缝针。	接着在最后一针的头部插入手缝针。	拉动线头，调整线圈至1针锁针的大小。起点与终点连接在了一起，整齐美观。

引拔针锁链绣的钩织方法　　　　　　　　　　　　　　　　〈线头处理〉

1	2	3	4
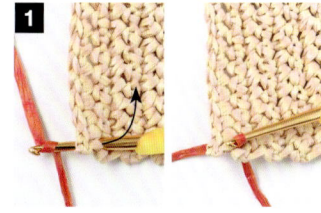	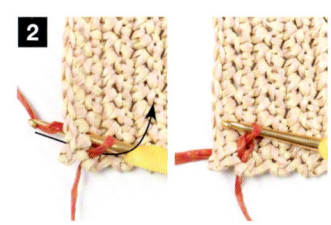	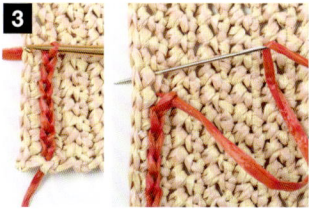	
在引拔针锁链绣的钩织起点位置插入钩针，针头挂线后拉出（左图）。拉出后线所在的位置（右图）。	在下一个针脚里插入钩针，针头挂线引拔（左图）。引拔后完成1针的状态（右图）。重复以上操作继续钩织。	钩织几针后的状态（左图）。最后一针完成后留出长一点的线头，断线后将线头穿入手缝针。在最后一针的上方插入手缝针，将线头穿至反面（右图）。	将织物翻至反面，再将线头穿入前面钩织的引拔针的针脚里（上图）。跳过1针往回穿针，最后将线头剪断（下图）。

罗纹绳的钩织方法　※ p.62另有图示讲解

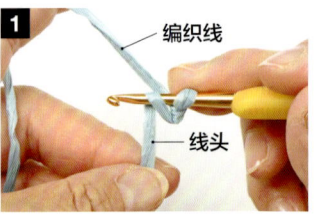
1 留出大约3倍于需要长度的线头，制作起始针（参照p.60），将线头从前往后挂在针上。

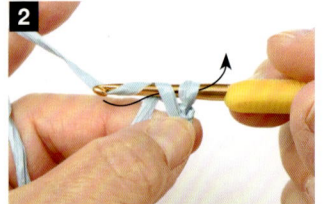
2 在针头挂上编织线，如箭头所示引拔。

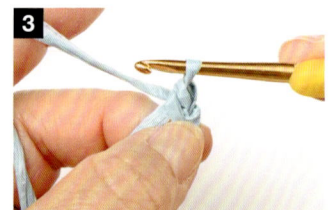
3 引拔后，1针完成。

4 用相同方法重复步骤 **1**、**2**，钩织所需针数。结束时，无须将线头挂在针上，直接钩织锁针。

流苏的制作方法

1 在指定尺寸的厚纸上缠绕指定圈数的线。

2 在线环中穿入相同的线，打2次结，扎紧。（为了便于理解，图中使用了不同的线。部分作品是用编织的绳子打结。）

3 剪断另一侧的线环。

4 取出厚纸，在指定位置打2次结，扎紧。

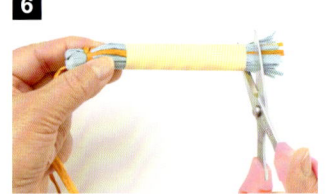
5 将步骤 **4** 中打结的线头穿入手缝针，再将线头穿入流苏中，藏好线头。

6 将流苏的末端修剪至指定长度。用纸卷在流苏上更方便修剪。

本书使用的绳子种类
本书使用了4种绳子。

锁针
三股辫
引拔针
罗纹绳

重点教程 Point Lesson （具体作品的制作要点）　※为了便于理解，图中使用不同颜色的线进行说明。

3／4　　17／18　　图片/p.6,7,20,21　钩织方法/p.32~34,52~54
流苏帽的组合方法　※实际制作时，先将绳子穿入包包主体的穿绳孔中，再与流苏、流苏帽进行组合。

1 自左向右准备好图中的流苏、流苏帽、绳子。绳子上留出的线头要比流苏稍微长一点。流苏帽钩织起点的中心线环不要完全收紧，留出可以穿入绳子的小孔。

2 将流苏线环上打结的线头（★）穿入手缝针，再将线头依次穿入流苏帽的中心、绳子末端的针脚。

3 将绳子上水蓝色的线头（与流苏同色）穿入手缝针，将其穿入流苏帽的中心。

4 再穿入流苏的线结中。

5	6	7	8

再将步骤 2 的线头（★）穿入手缝针，将其穿入流苏帽的中心，与步骤 4 一样再穿入流苏的线结中。	将绳子上粉红色的线头（与流苏帽同色）穿入手缝针，在流苏帽的针脚中穿几次针，藏好线头。	收紧流苏帽起针环的线头，将流苏帽固定在绳子上。再在针脚中穿几次针藏好线头。	将流苏帽钩织终点的线头穿入手缝针，在最后一行的外侧半针里 1 针 1 针地挑一圈。

9	10	11

挑一圈针后拉紧线头，再在针脚中穿几次针，藏好线头。	将流苏剩下的线头修剪整齐。	带帽子的流苏就完成了。

本书使用材料介绍 Material Guide

eco-ANDARIA 棉草线

以木浆为原料的再生纤维，是一种可以在土壤中自然分解的绿色环保线材。

成分：100% 人造纤维 / 规格：40g（约 80m）/ 颜色数：49 色 / 适用针号：钩针 5/0~7/0 号

※ 颜色数为截至 2023 年 3 月的数据。

※ 图片为实物大小

皮革包底

皮革材质的包底，上面有小孔用于编织。使用时无须钩织底部，可以直接从侧面开始钩织，也不用担心底部的变形问题。

抽出线头的方法

eco-ANDARIA 棉草线无须取下标签，可从线团的内侧拉出线头使用。放在包装袋中直接使用，可以防止线团松散。

eco-ANDARIA 钩织作品的护理方法

用 eco-ANDARIA 棉草线钩编的作品不能水洗。作品弄脏时，请用拧干的毛巾进行擦拭，或干洗。另外，推荐使用"eco-ANDARIA 专用防水喷雾剂"，喷在完成的作品上可以起到防水防污的作用。

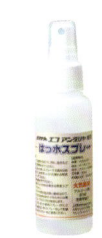

eco-ANDARIA 专用防水喷雾剂（H204-634）

1 / 2

图片 /p.4, 5

*材料
1: 和麻纳卡 eco-ANDARIA / 海军蓝色（57）…71g，薄荷绿色（902）…35g，柠檬黄色（11）…7g，皮革包底（圆形：黑色，直径15.6cm）/（H204-596-2）…1片
2: 和麻纳卡 eco-ANDARIA / 沙米色（169）…71g，炭灰色（151）…35g，樱桃红色（37）…7g，皮革包底（圆形：黑色，直径15.6cm）/（H204-596-2）…1片

*针
钩针 5/0 号

*密度（10cm×10cm）
短针的配色花样 / 18.5针，18行

*成品尺寸
周长 52cm
深 24cm（不含提手）

*钩织方法 ※1、2通用的钩织方法
1 底部从皮革包底上挑取96针。
2 侧面按短针的配色花样钩织43行。中途在第39行留出穿绳孔。
3 提手的中间部分按短针的配色花样钩织，两侧分别钩织2行短针的边缘。将提手缝在侧面指定位置的内侧。
4 编织三股辫的绳子，穿入侧面的穿绳孔中。
5 制作流苏，连接在绳子的两端。

绳子（三股辫）
1 海军蓝色2根×薄荷绿色1根 各80cm
2 樱桃红色2根×炭灰色1根 各80cm

三股辫的编织方法　用指定的3根线松松地编织三股辫

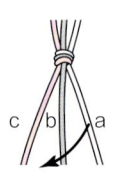
1.将3根线并在一起打一个结，将右端的线与中间的线交叉。

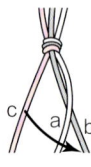
2.将左端的线与中间的线交叉。

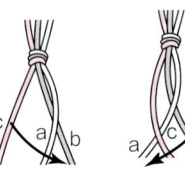
3.再将右端的线与中间的线交叉。

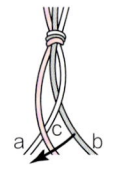
4.重复步骤2、3，用力均匀地继续编织。

流苏的制作方法　2个
1 柠檬黄色　2 樱桃红色

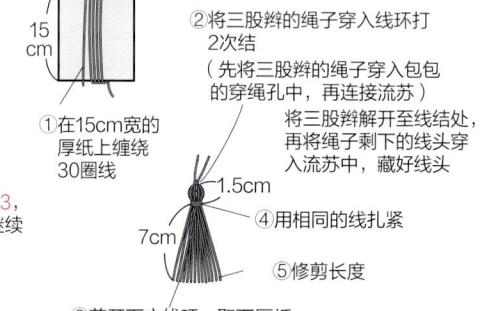

①在15cm宽的厚纸上缠绕30圈线
②将三股辫的绳子穿入线环打2次结（先将三股辫的绳子穿入包包的穿绳孔中，再连接流苏）
将三股辫解开至线结处，再将绳子剩下的线头穿入流苏中，藏好线头
③剪开下方线环，取下厚纸
④用相同的线扎紧
⑤修剪长度

组合方法

将提手缝在侧面指定位置的内侧

将绳子穿入穿绳孔后再连接流苏

穿绳位置

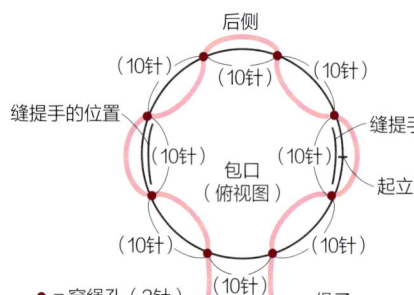

后侧　（10针）　（10针）
缝提手的位置　（10针）
包口（俯视图）
缝提手的位置　起立针位置
（10针）　（10针）
（10针）　（10针）
前侧　绳子
● = 穿绳孔（2针）

底部
1 海军蓝色
2 沙米色

接着钩织侧面的★

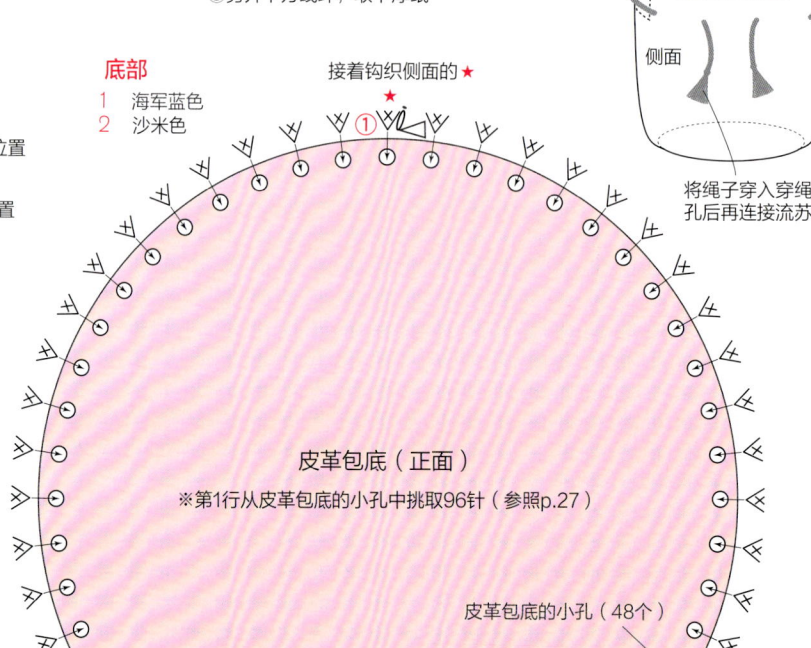

皮革包底（正面）
※第1行从皮革包底的小孔中挑取96针（参照p.27）
皮革包底的小孔（48个）

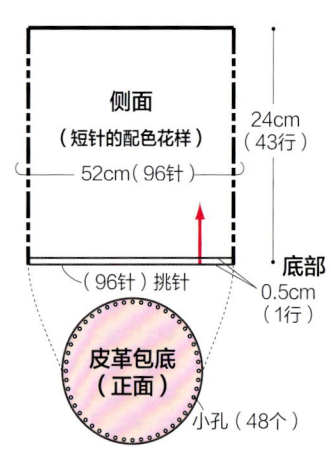

侧面（短针的配色花样）
24cm（43行）
52cm（96针）
（96针）挑针
底部 0.5cm（1行）
皮革包底（正面）
小孔（48个）
15.6cm

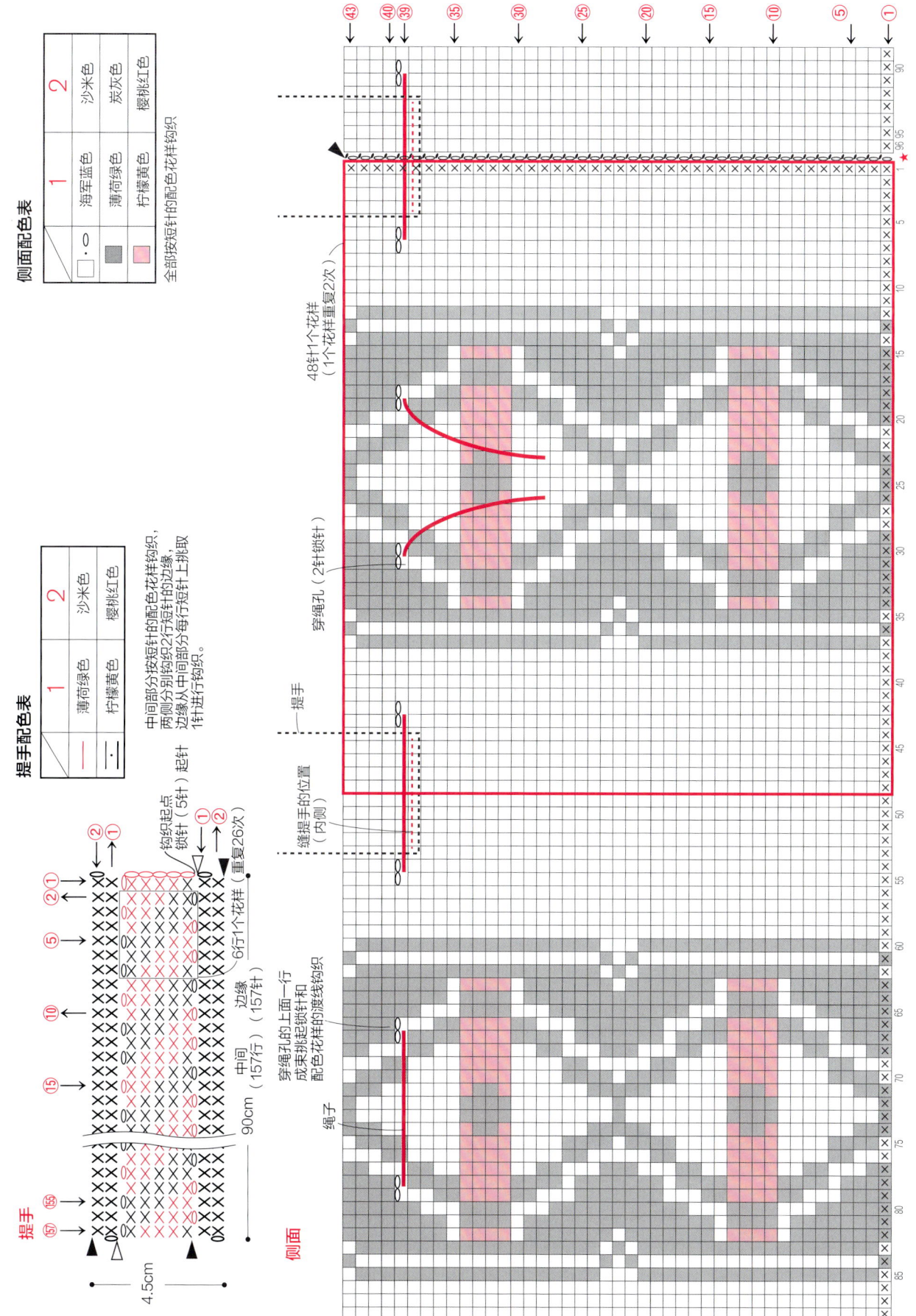

3 / 4

图片 /p.6, 7　重点教程 /p.28

*材料
3：和麻纳卡 eco-ANDARIA／橙黄色（19）…144g，米白色（168）…113g
4：和麻纳卡 eco-ANDARIA／黑色（30）…144g，米白色（168）…113g

*针
钩针 5/0 号、6/0 号、7/0 号

*密度（10cm×10cm）
短针的条纹针的配色花样／20 针，13 行

*成品尺寸
周长 72cm
深 33.5cm（不含提手）

*钩织方法　※3、4 通用的钩织方法
1 底部环形起针，用 5/0 号针按短针和短针的条纹针的配色花样一边加针一边钩织 19 行。
2 侧面换成 6/0 号针，按短针的条纹针的配色花样无须加减针钩织 40 行，在第 41 行留出穿绳孔。
3 换成 5/0 号针，一边减针一边钩织 3 行短针的边缘，最后钩织 1 行引拔针调整形状。
4 提手按短针的配色花样钩织 7 行，边缘钩织短针和引拔针。将提手缝在侧面指定位置的内侧，再在两端做卷针缝。
5 绳子用指定颜色的 2 根线钩织锁针和引拔针，穿入侧面的穿绳孔中。
6 制作流苏和流苏帽，参照组合方法进行组合（参照 p.28）。

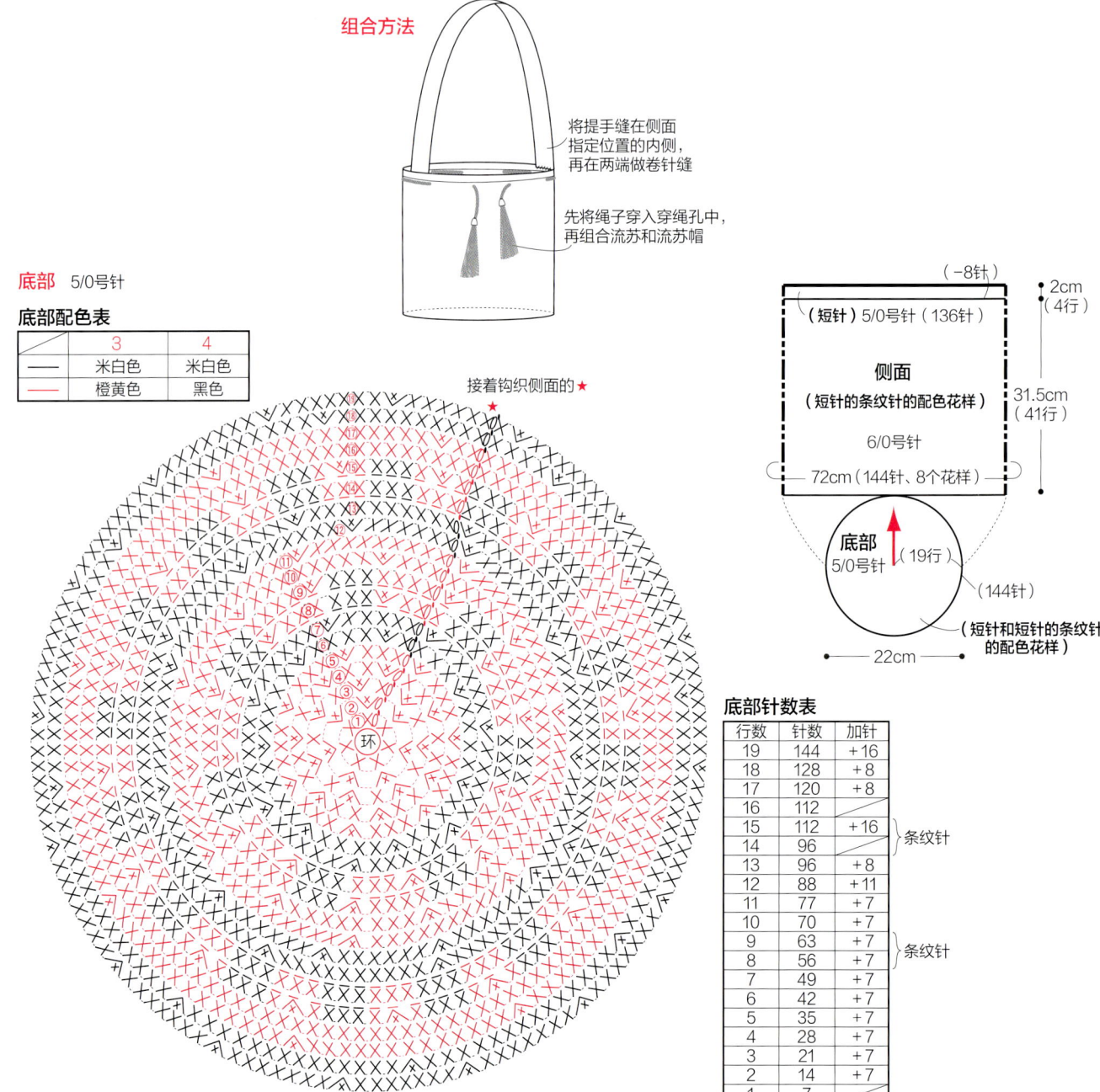

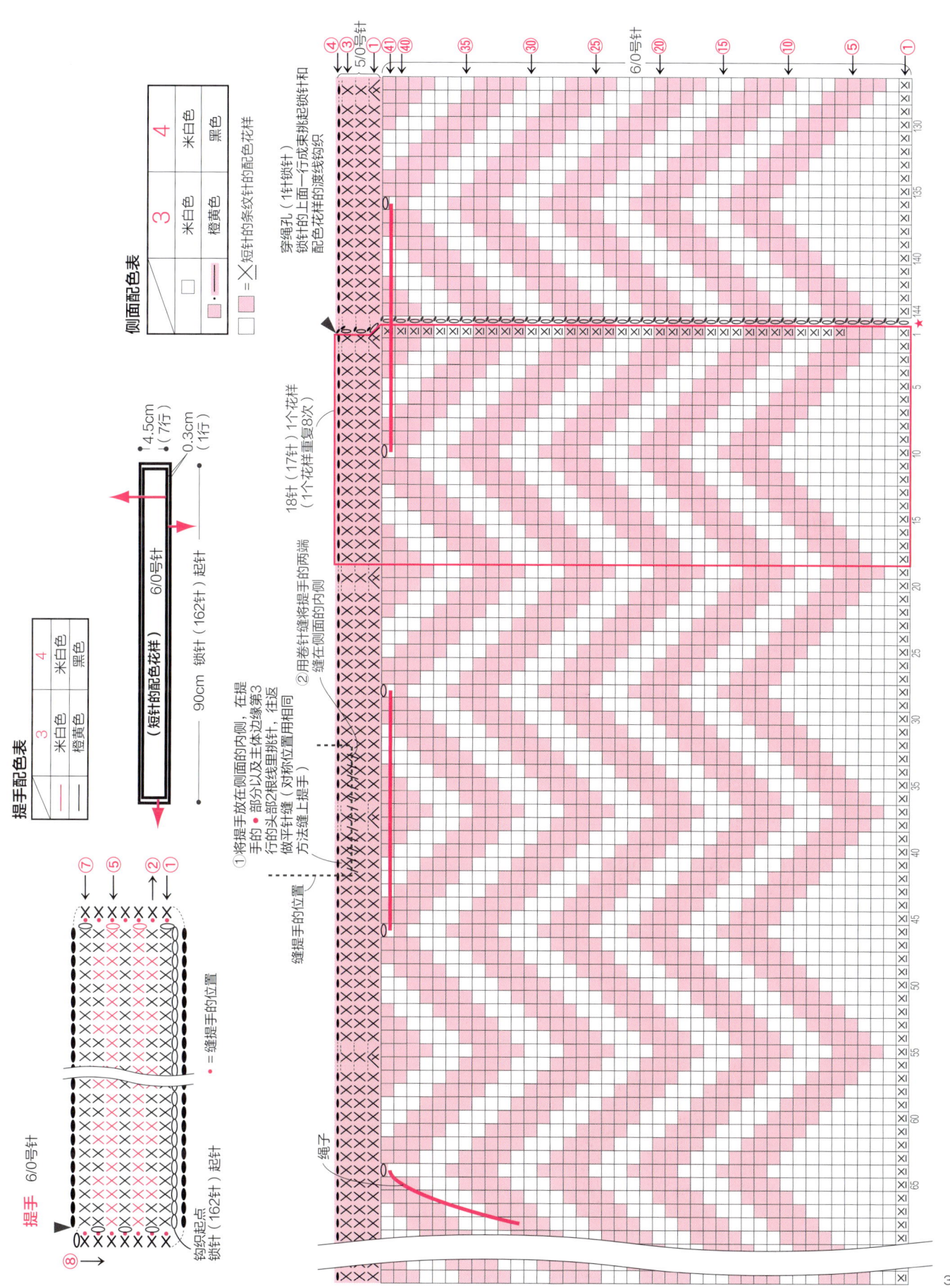

绳子
7/0号针

绳子配色表

	3　2根线	4　2根线
●	米白色	米白色
○	橙黄色	黑色

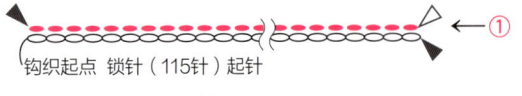

①
钩织起点 锁针（115针）起针
约80cm

※分别留出15cm的线头，用于连接流苏
引拔针是在锁针的里山挑针

穿绳位置

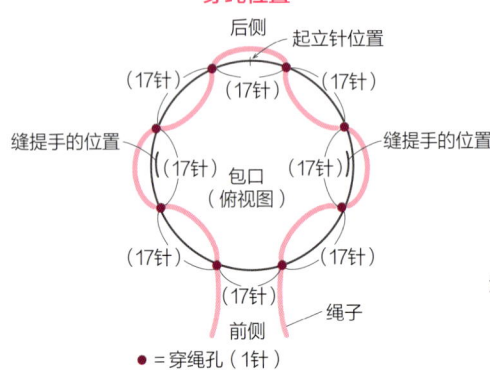

后侧
起立针位置
（17针）
（17针）
（17针）
缝提手的位置
缝提手的位置
（17针）
包口
（俯视图）
（17针）
（17针）
（17针）
（17针）
前侧
绳子

● = 穿绳孔（1针）

流苏帽　2个　5/0号针　米白色

钩织终点留出15cm的线头剪断，
在第5行的外侧半针里穿一圈线

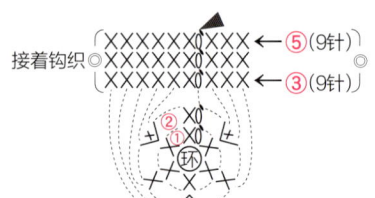

接着钩织
⑤(9针)
③(9针)
②
①
环

流苏帽针数表

行数	针数	加针
3~5	9	
2	9	+3
1	6	

流苏的制作方法（参照p.28）2个

3　橙黄色
4　黑色

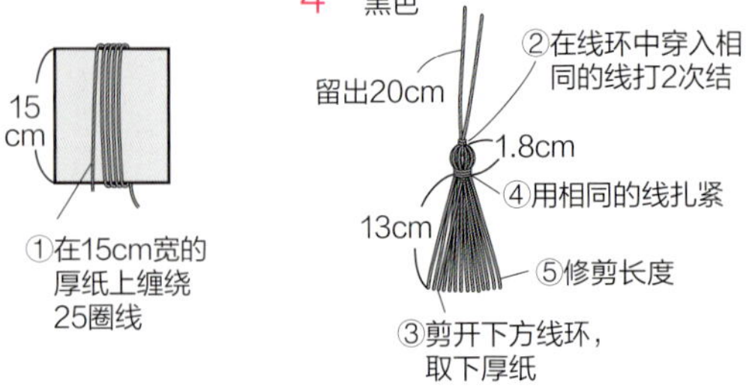

15
cm
①在15cm宽的
厚纸上缠绕
25圈线
留出20cm
②在线环中穿入相
同的线打2次结
1.8cm
④用相同的线扎紧
13cm
⑤修剪长度
③剪开下方线环，
取下厚纸

流苏与流苏帽的组合方法

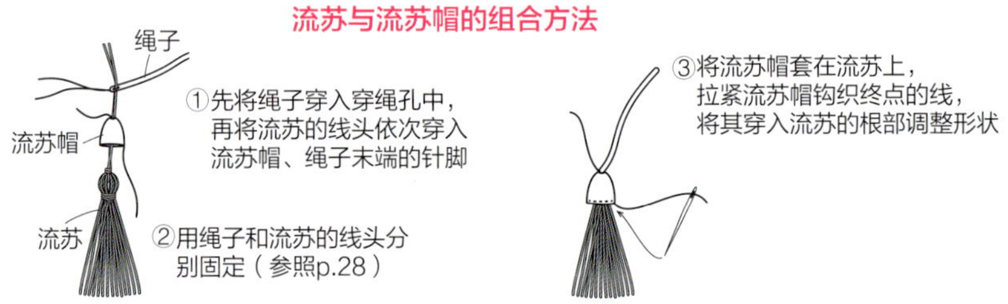

绳子
①先将绳子穿入穿绳孔中，
再将流苏的线头依次穿入
流苏帽、绳子末端的针脚
流苏帽
流苏
②用绳子和流苏的线头分
别固定（参照p.28）
③将流苏帽套在流苏上，
拉紧流苏帽钩织终点的线，
将其穿入流苏的根部调整形状

接p.48

13/14
组合方法

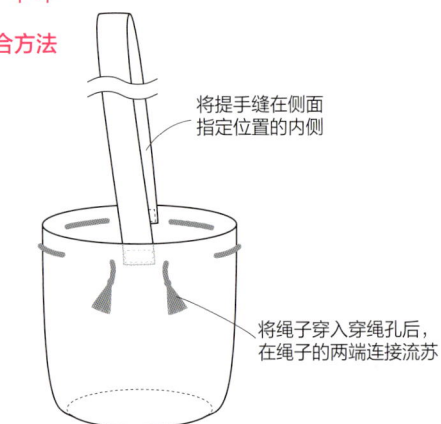

将提手缝在侧面
指定位置的内侧
将绳子穿入穿绳孔后，
在绳子的两端连接流苏

13/14　绳子　6/0号针

13　柠檬黄色，2根线
14　米白色，2根线

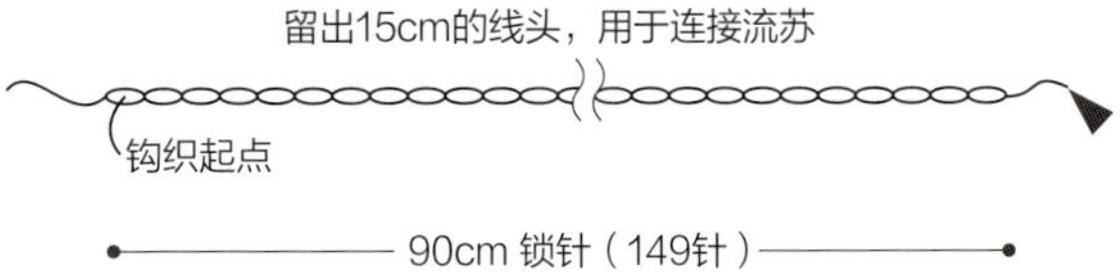

留出15cm的线头，用于连接流苏
钩织起点
90cm 锁针（149针）

13/14　流苏的制作方法

13　炭灰色 × 柠檬黄色
14　米白色 × 黑色

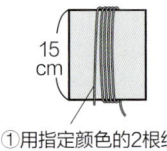

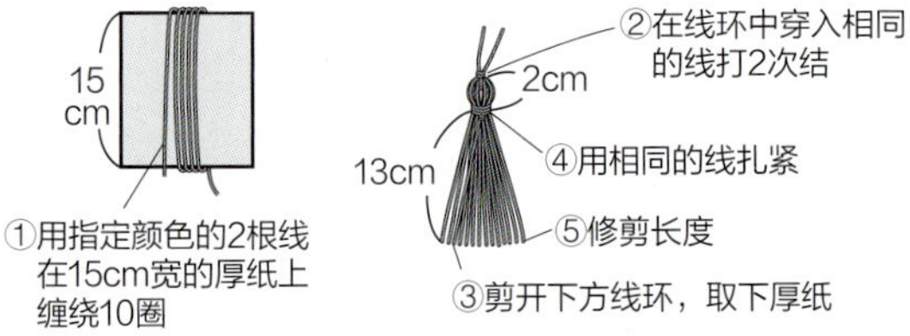

15
cm
①用指定颜色的2根线
在15cm宽的厚纸上
缠绕10圈
②在线环中穿入相同
的线打2次结
2cm
④用相同的线扎紧
13cm
⑤修剪长度
③剪开下方线环，取下厚纸

5 / 6

图片 /p.8

＊材料
5：和麻纳卡 eco-ANDARIA ／钴蓝色（901）…96g，米白色（168）…44g
6：和麻纳卡 eco-ANDARIA ／绿色（17）…92g，白色（1）…52g

＊针
钩针 5/0 号

＊密度（10cm×10cm）
短针的条纹针的配色花样 ／ 17 针，13 行

＊成品尺寸
周长 63.5cm
深 21.5cm（不含提手）

＊钩织方法 ※除特别指定外均为 5、6 通用的钩织方法
1 底部环形起针，一边加针一边钩织 18 行短针。
2 侧面 5、6 分别按短针的条纹针的配色花样无须加减针钩织 28 行。
3 提手钩织 5 行短针，在第 2 行和第 4 行短针的头部挑针做引拔针锁链绣（参照 p.27）。将引拔针锁链朝内，将提手缝在侧面指定位置的内侧。
4 用指定颜色的线钩织罗纹绳，穿入侧面的穿绳孔中。
5 制作流苏，连接在绳子的两端。

5／6 组合方法

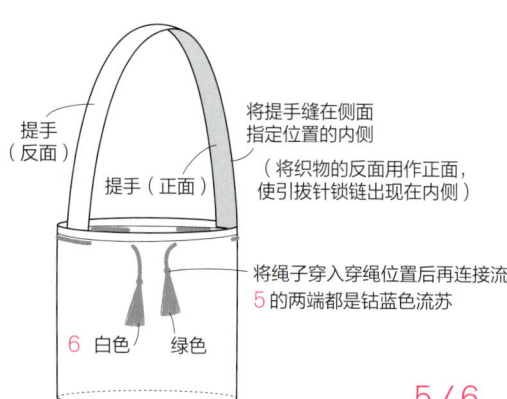

5／6 底部

底部配色表

	5	6
	钴蓝色	绿色
	钴蓝色	白色

★接着钩织侧面的★

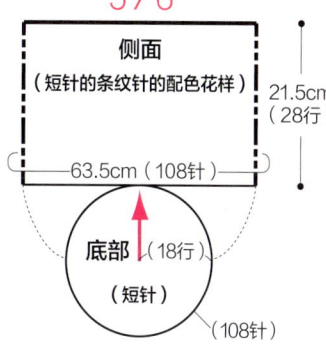

底部针数表

行数	针数	加针
18	108	+6
17	102	+6
16	96	+6
15	90	+6
14	84	+6
13	78	+6
12	72	+6
11	66	+6
10	60	+6
9	54	+6
8	48	+6
7	42	+6
6	36	+6
5	30	+6
4	24	+6
3	18	+6
2	12	+6
1	6	

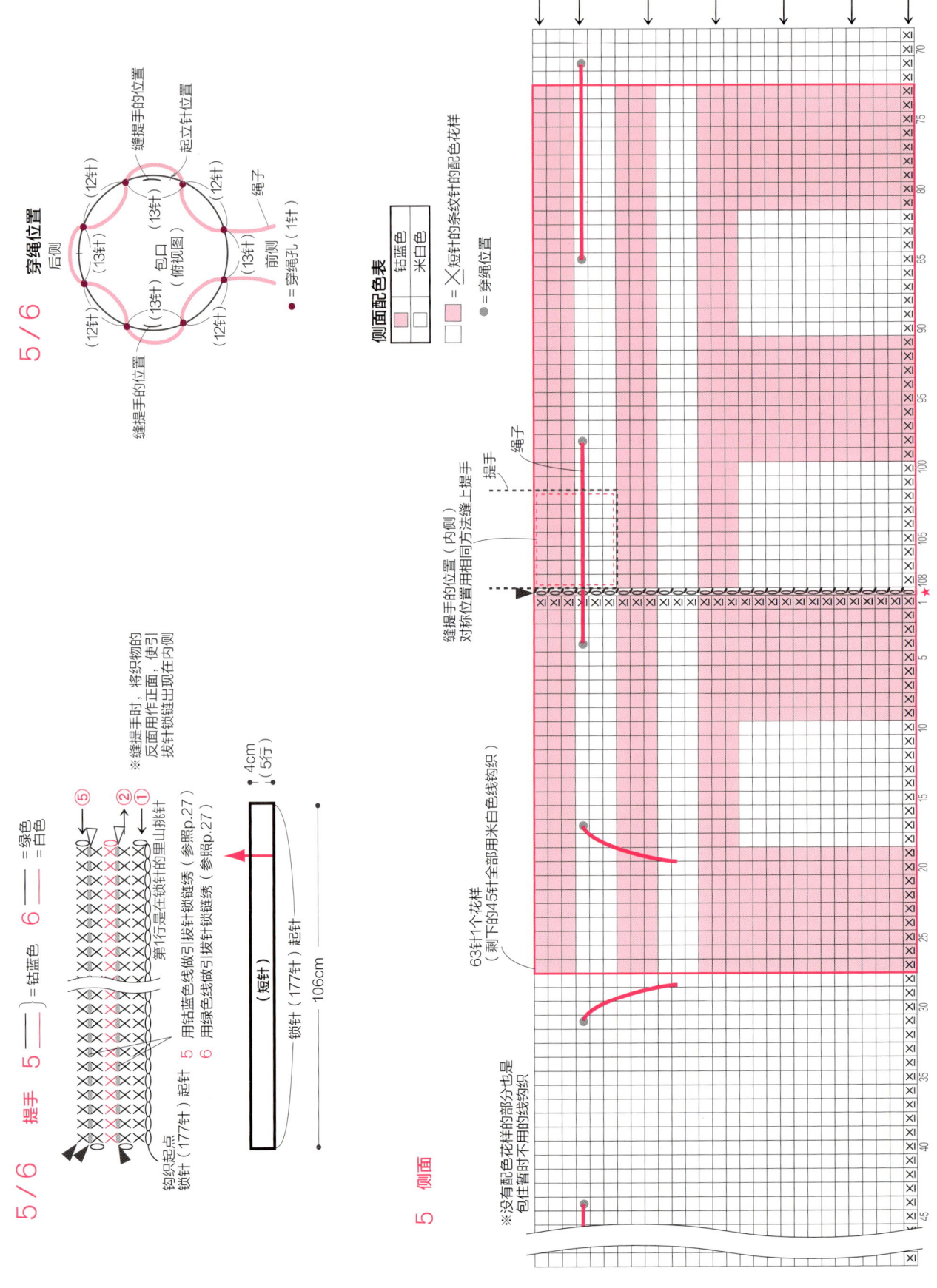

5/6 流苏的制作方法

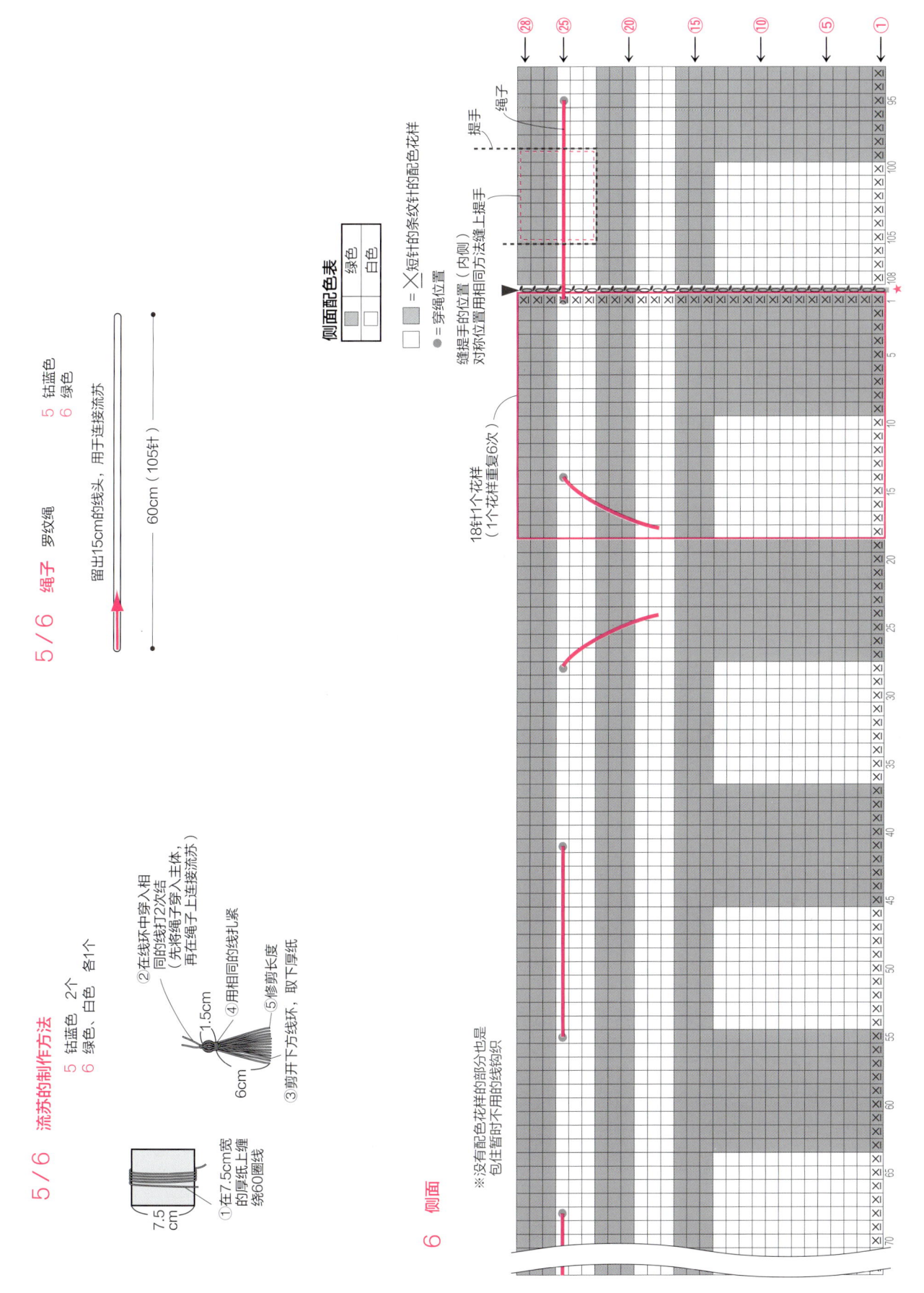

⑤ 钴蓝色 2个
⑥ 绿色、白色 各1个

① 在7.5cm宽的厚纸上绕60圈线
② 在线环中穿入相同颜色的线头打2次结（先将绳子穿入主体，再在绳子上连接流苏）
③ 剪开下方线匀，取下厚纸
④ 用相同的线扎紧
⑤ 修剪长度

5/6 绳子 罗纹绳

⑤ 钴蓝色
⑥ 绿色

留出15cm的线头，用于连接流苏

60cm（105针）

侧面配色表

	绿色
	白色

☒ = X 短针的条纹针的配色花样

■ = 穿绳子的位置

● = 缝提手的位置（内侧）
对称位置用相同方法缝上提手

6 侧面

※没有配色花样的部分也是包住暂时不用的线钩织

18针1个花样
（1个花样重复6次）

7 / 8

图片 /p.9

※材料
7：和麻纳卡 eco-ANDARIA／黑色（30）…119g，沙米色（169）…89g
8：和麻纳卡 eco-ANDARIA／复古蓝色（66）、海军蓝色（72）…各100g
底板（直径23cm）…1片（根据个人需要）

※针
钩针 5/0号、6/0号

※密度（10cm×10cm）
短针的条纹针的配色花样／19针，16行

※成品尺寸
周长74cm
深25cm（不含提手）

※钩织方法 ※除特别指定外均为7、8通用的钩织方法

1 底部环形起针，用5/0号针按短针的条纹针的配色花样一边加针一边钩织20行。
2 侧面无须加减针钩织短针的条纹针，7钩织36行，8钩织35行，在下一行留出穿绳孔。7仅在第38行钩织短针的条纹针的配色花样，剩下的2行钩织短针的条纹针。8的第37~40行按短针的条纹针的配色花样钩织。
3 提手按短针的条纹针的配色花样钩织4行，在第3行的头部挑针做引拔针锁链绣（参照p.27）。将提手缝在侧面指定位置的内侧。
4 绳子用指定颜色的线钩织锁针和引拔针，两端分别留出线头。将绳子穿入侧面的穿绳孔中。
5 制作流苏，连接在绳子的两端。
6 根据需要，将底板剪成直径23cm的圆形放入包包的底部。

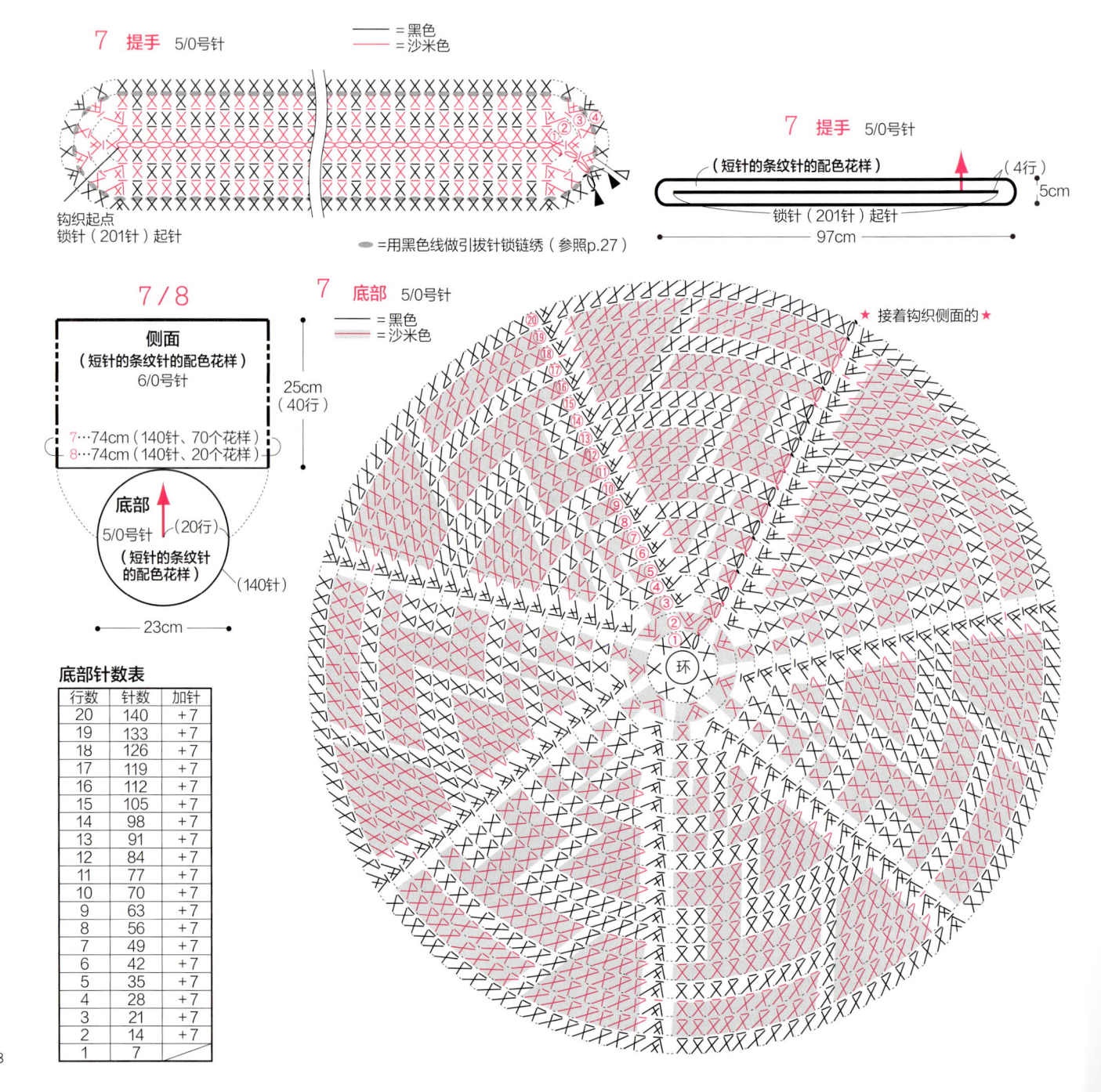

7 提手 5/0号针

―― = 黑色
―― = 沙米色

钩织起点
锁针（201针）起针

● = 用黑色线做引拔针锁链绣（参照p.27）

7 提手 5/0号针
（短针的条纹针的配色花样）
锁针（201针）起针
5cm（4行）
97cm

7/8 侧面
（短针的条纹针的配色花样）
6/0号针
25cm（40行）
7…74cm（140针、70个花样）
8…74cm（140针、20个花样）

底部
5/0号针（20行）
（短针的条纹针的配色花样）
（140针）
23cm

7 底部 5/0号针
―― = 黑色
―― = 沙米色

★接着钩织侧面的★

环

底部针数表

行数	针数	加针
20	140	+7
19	133	+7
18	126	+7
17	119	+7
16	112	+7
15	105	+7
14	98	+7
13	91	+7
12	84	+7
11	77	+7
10	70	+7
9	63	+7
8	56	+7
7	49	+7
6	42	+7
5	35	+7
4	28	+7
3	21	+7
2	14	+7
1	7	

8 提手 5/0号针

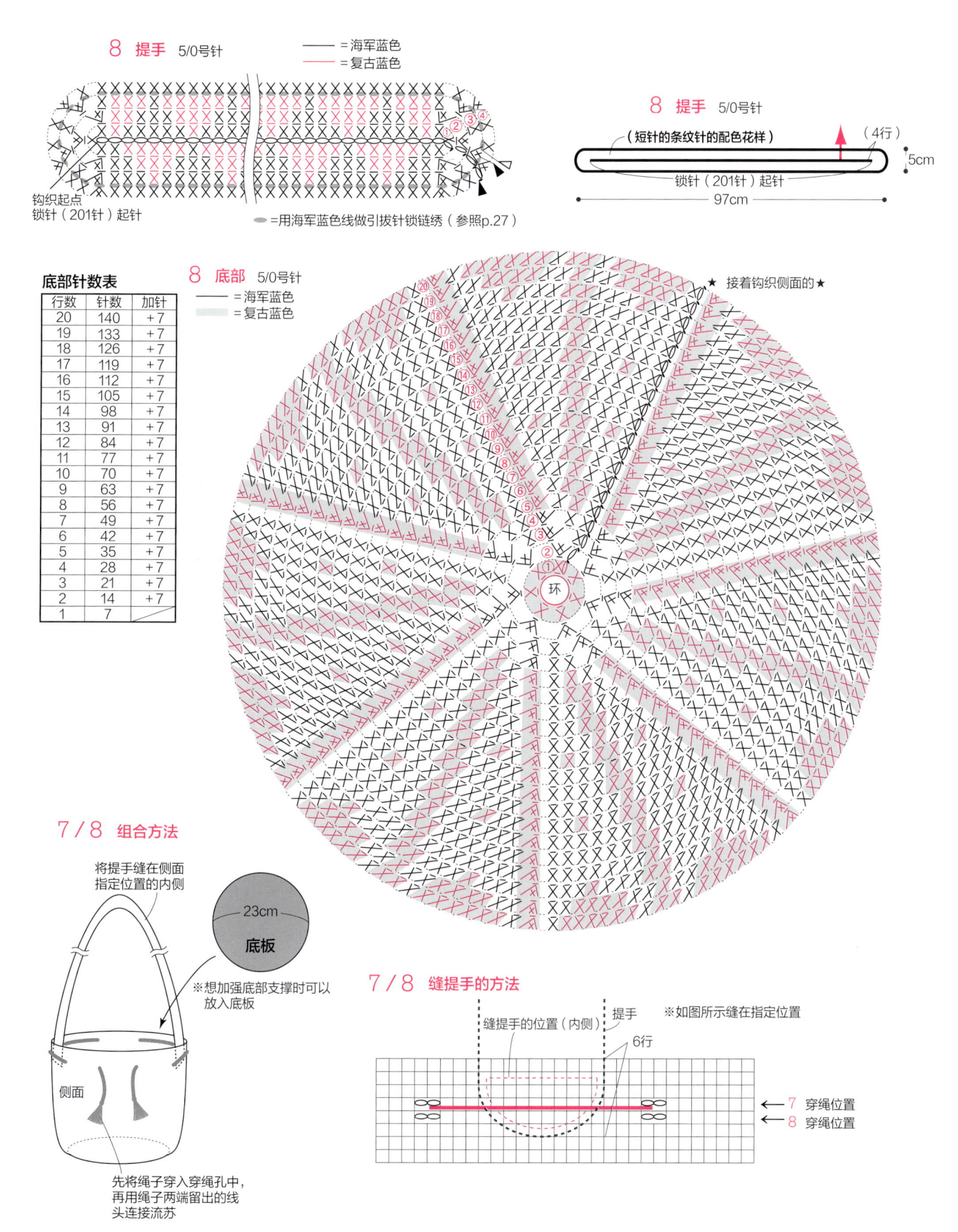

— = 海军蓝色
— = 复古蓝色

钩织起点
锁针（201针）起针

● = 用海军蓝色线做引拔针锁链绣（参照p.27）

8 提手 5/0号针

（短针的条纹针的配色花样）
（4行）
5cm
锁针（201针）起针
97cm

8 底部 5/0号针

— = 海军蓝色
— = 复古蓝色

★接着钩织侧面的★

底部针数表

行数	针数	加针
20	140	+7
19	133	+7
18	126	+7
17	119	+7
16	112	+7
15	105	+7
14	98	+7
13	91	+7
12	84	+7
11	77	+7
10	70	+7
9	63	+7
8	56	+7
7	49	+7
6	42	+7
5	35	+7
4	28	+7
3	21	+7
2	14	+7
1	7	

环

7/8 组合方法

将提手缝在侧面指定位置的内侧

23cm
底板

※想加强底部支撑时可以放入底板

侧面

先将绳子穿入穿绳孔中，再用绳子两端留出的线头连接流苏

7/8 缝提手的方法

缝提手的位置（内侧）
提手
6行
※如图所示缝在指定位置

← 7 穿绳位置
← 8 穿绳位置

7/8 流苏的制作方法

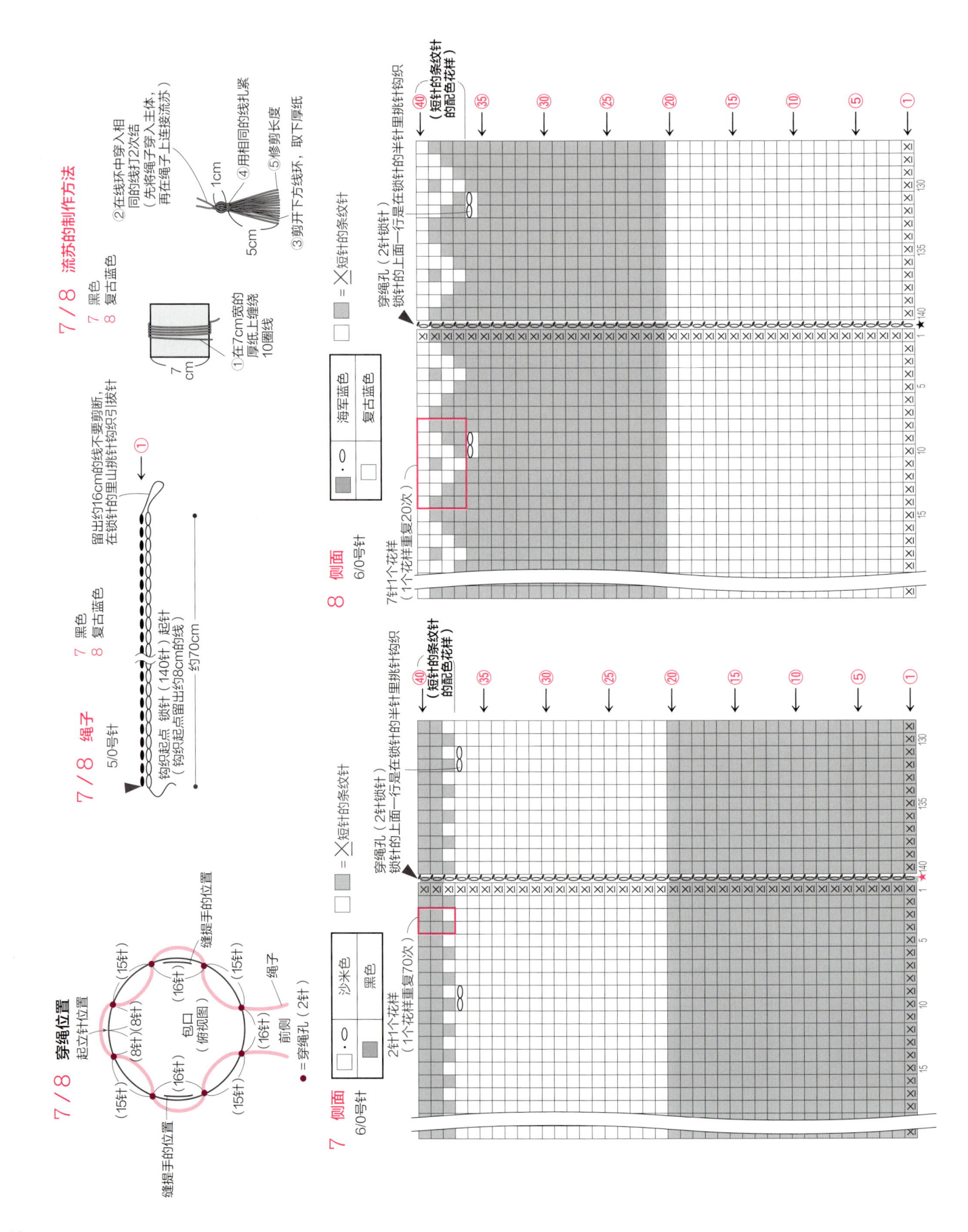

7 黑色
8 复古蓝色

① 在7cm宽的厚纸上缠绕10圈线
② 在线环中穿入相同颜色的线打2次结（先将绳子穿入主体，再在绳子上连接流苏）
③ 剪开下方线环，取下厚纸
④ 用相同的线扎紧
⑤ 修剪长度

7/8 绳子

5/0号针

7 黑色
8 复古蓝色

留出约16cm的线不要剪断，在锁针的里山挑针钩织引拔针

钩织起点 锁针（140针）起针
（钩织起点留出约8cm的线）
约70cm

穿绳位置

起立针位置
缝提手的位置
(15针)(15针)(8针)(8针)(16针)(16针)(15针)(15针)
包口（俯视图）
绳子
前侧
● = 穿绳孔

8 侧面

6/0号针

海军蓝色
复古蓝色

7针1个花样
（1个花样重复20次）

□ = 短针的条纹针
☒ = 短针
穿绳孔（2针锁针）
锁针的上面一行是在锁针的半针里挑针钩织
（短针的条纹针的配色花样）

7 侧面

6/0号针

沙米色
黑色

2针1个花样
（1个花样重复70次）

□ = 短针的条纹针
☒ = 短针
穿绳孔（2针锁针）
锁针的上面一行是在锁针的半针里挑针钩织
（短针的条纹针的配色花样）

9 / 10

图片 /p.10, 11

✻材料
9：和麻纳卡 eco-ANDARIA／浅灰色（148）
…70g，粉红色（32）…35g
10：和麻纳卡 eco-ANDARIA／灰粉色（54）
…60g，海军蓝色（72）…50g

✻针
钩针 6/0 号
✻密度（10cm×10cm）
短针的配色花样／19 针，17 行
✻成品尺寸
周长 44cm
深 19.5cm（不含提手）

✻钩织方法 ※9、10 通用的钩织方法
1 底部环形起针，一边加针一边钩织 12 行短针。
2 侧面按短针的配色花样无须加减针钩织 33 行。中途在第 29 行留出穿绳孔。
3 提手钩织 7 行短针，接着在周围钩织边缘。将提手缝在侧面指定位置的内侧。
4 绳子用指定颜色的线钩织锁针和引拔针，两端分别留出线头。将绳子穿入侧面的穿绳孔中。
5 制作流苏，连接在绳子的两端。

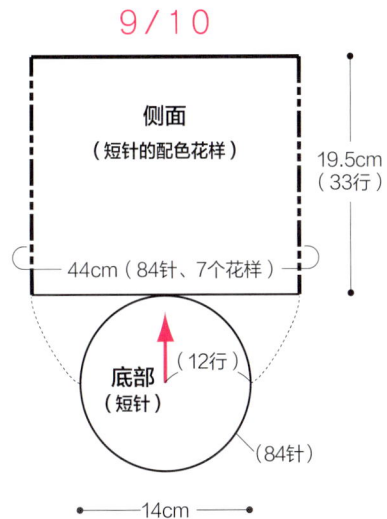

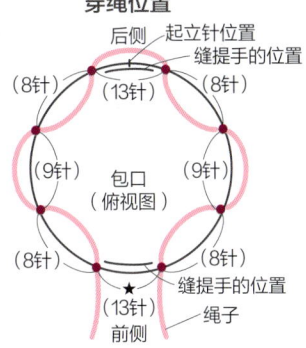

底部配色表

	9	10
—	浅灰色	海军蓝色
—	粉红色	灰粉色

底部针数表

行数	针数	加针
12	84	+7
11	77	+7
10	70	+7
9	63	+7
8	56	+7
7	49	+7
6	42	+7
5	35	+7
4	28	+7
3	21	+7
2	14	+7
1	7	

9 提手

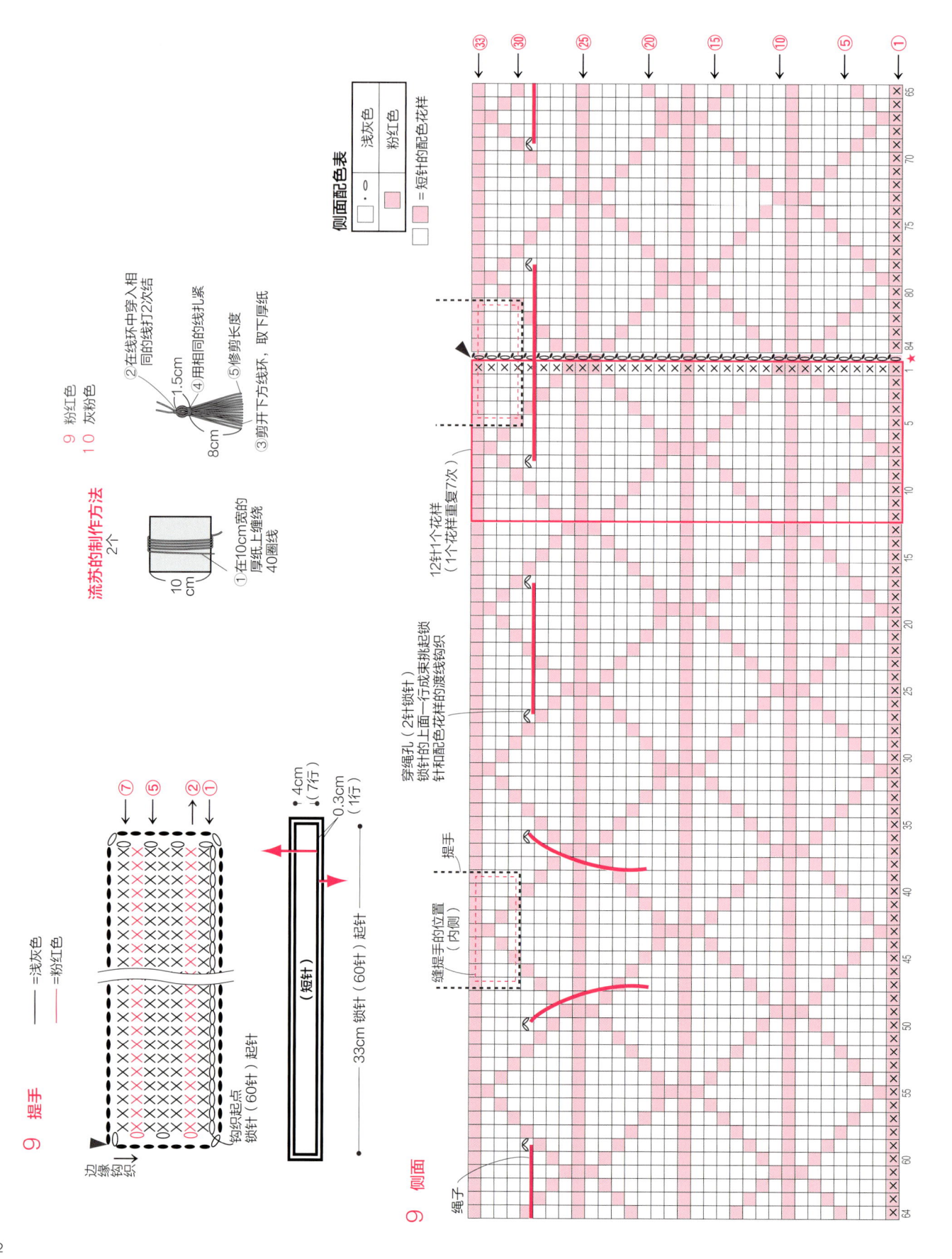

― = 浅灰色
― = 粉红色

流苏的制作方法

① 在10cm宽的厚纸上缠绕40圈线
② 在线环中穿入相同的线打2次结
③ 剪开下方线环，取下厚纸
④ 用相同的线扎紧
⑤ 修剪长度

9 粉红色
10 灰粉色

侧面配色表

― = 浅灰色
□ = 粉红色
× = 短针的配色花样

9 侧面

12针1个花样（1个花样重复7次）

穿绳孔（2针锁针）
锁针的上面一行成束挑起锁针和配色花样的渡线钩织

提手
缝提手的位置（内侧）
绳子

33cm 锁针（60针）起针
0.3cm（1行）
4cm（7行）
（短针）

9/10 绳子

绳子配色表

	9	10
●	粉红色	灰粉色
○	浅灰色	海军蓝色

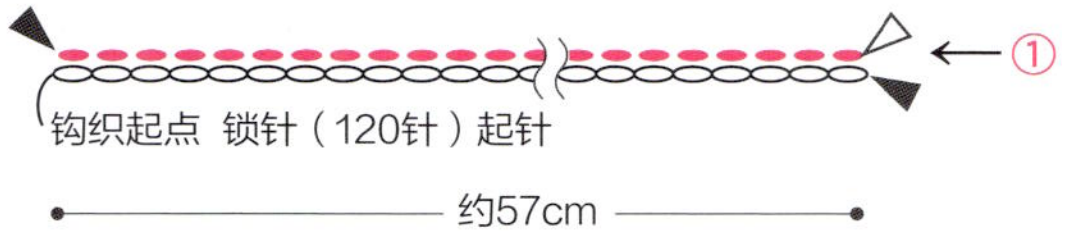

※分别留出15cm的线头，用于连接流苏

10 提手

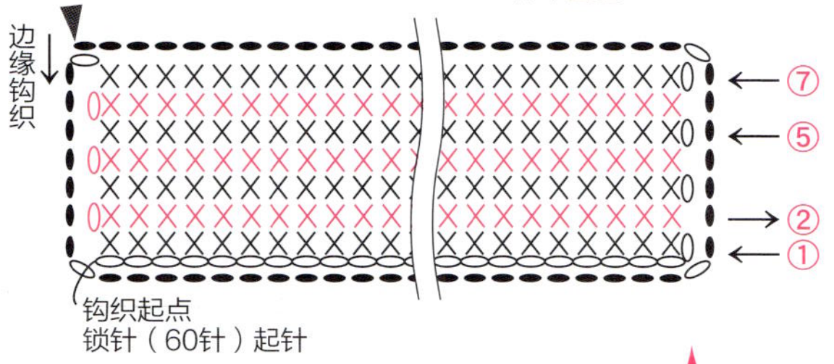

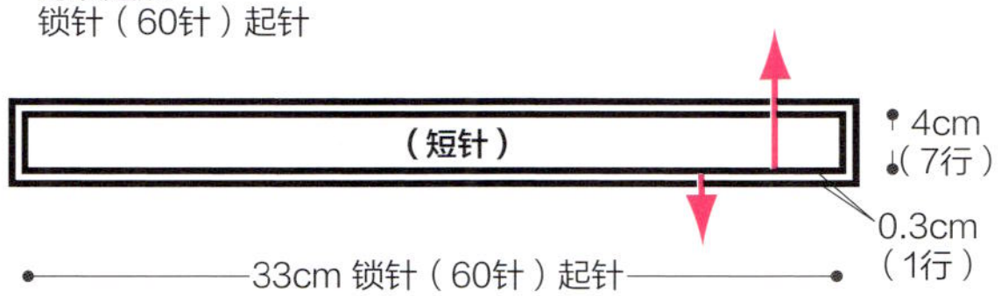

侧面配色表

□・○	海军蓝色
■	灰粉色

□ ■ = 短针的配色花样

10 侧面

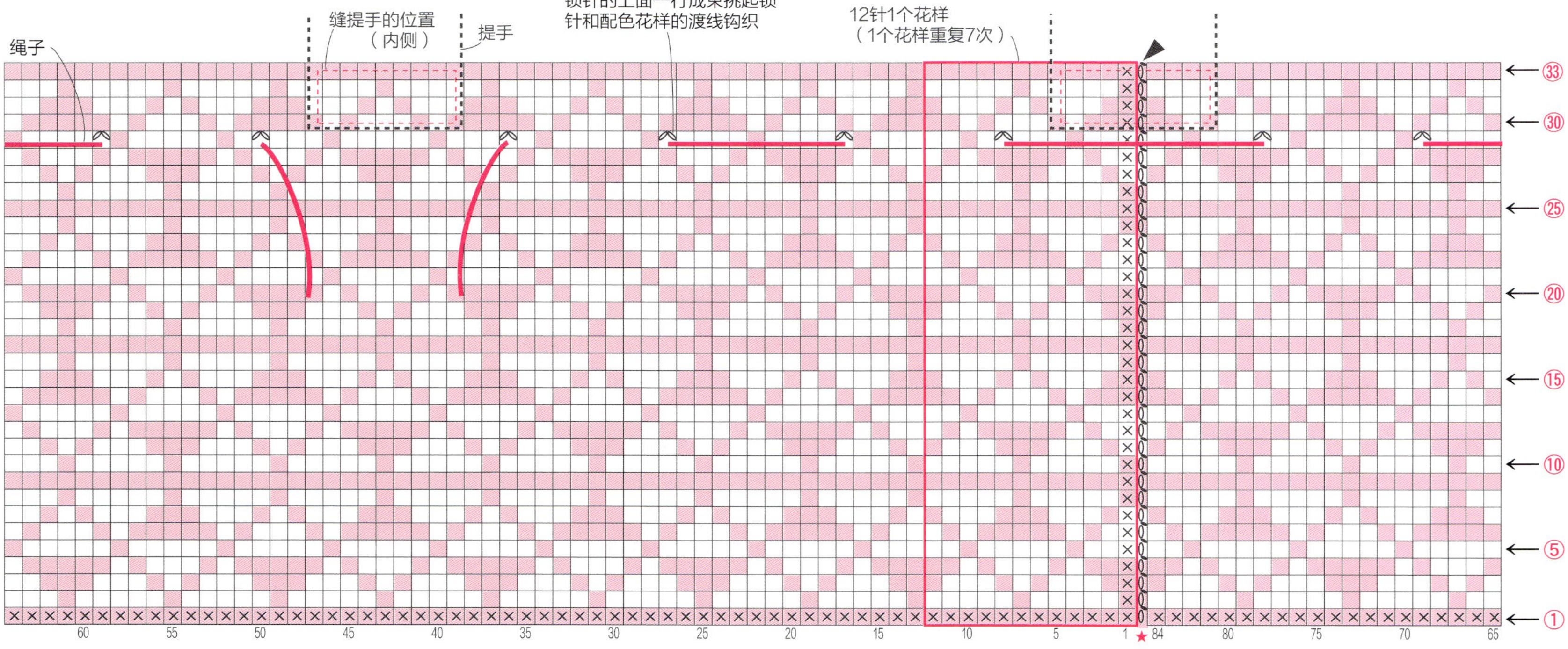

11/12

图片 /p.12, 13

＊材料
11: 和麻纳卡 eco-ANDARIA／炭灰色（151）…73g，柠檬黄色（11）…13g，复古粉色（71）、钴蓝色（901）、薄荷绿色（902）…各10g
12: 和麻纳卡 eco-ANDARIA／炭灰色（151）…151g，复古粉色（71）…62g，浅灰色（148）…31g

＊针
钩针 5/0 号

＊密度（10cm×10cm）
短针的配色花样 / 18.5针，19行

＊成品尺寸
周长 52cm
深 20cm（不含提手）

＊钩织方法 ※除特别指定外均为 11、12 通用的钩织方法
1 底部环形起针，按短针的配色花样一边加针一边钩织 16 行。
2 侧面按短针的配色花样无须加减针，11 钩织 39 行，12 钩织 38 行。中途在第 34 行留出穿绳孔。
3 提手钩织 8 行短针，在两端的指定位置系上流苏。将提手缝在指定位置的外侧。
4 用指定颜色的线编织三股辫的绳子，穿入侧面的穿绳孔中。
5 制作流苏，连接在绳子的两端。

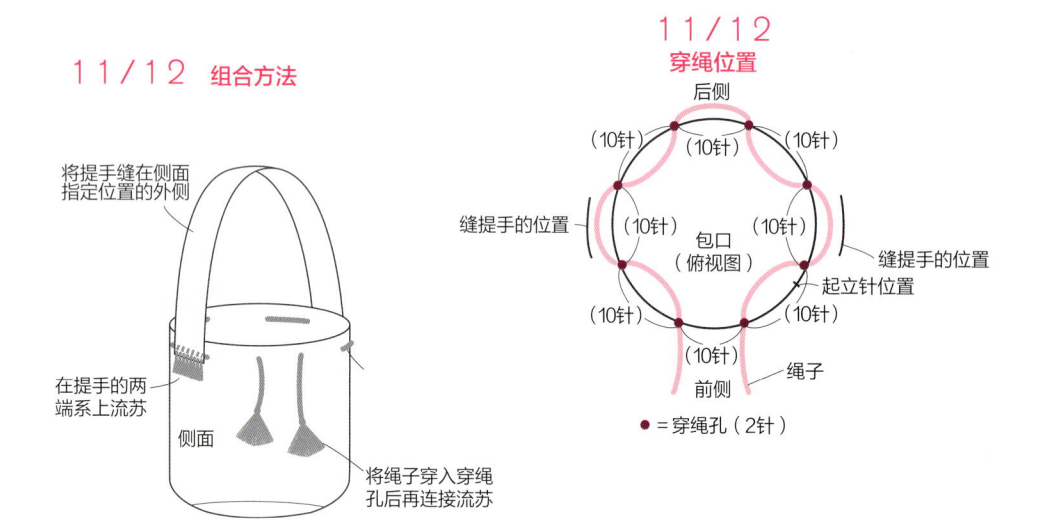

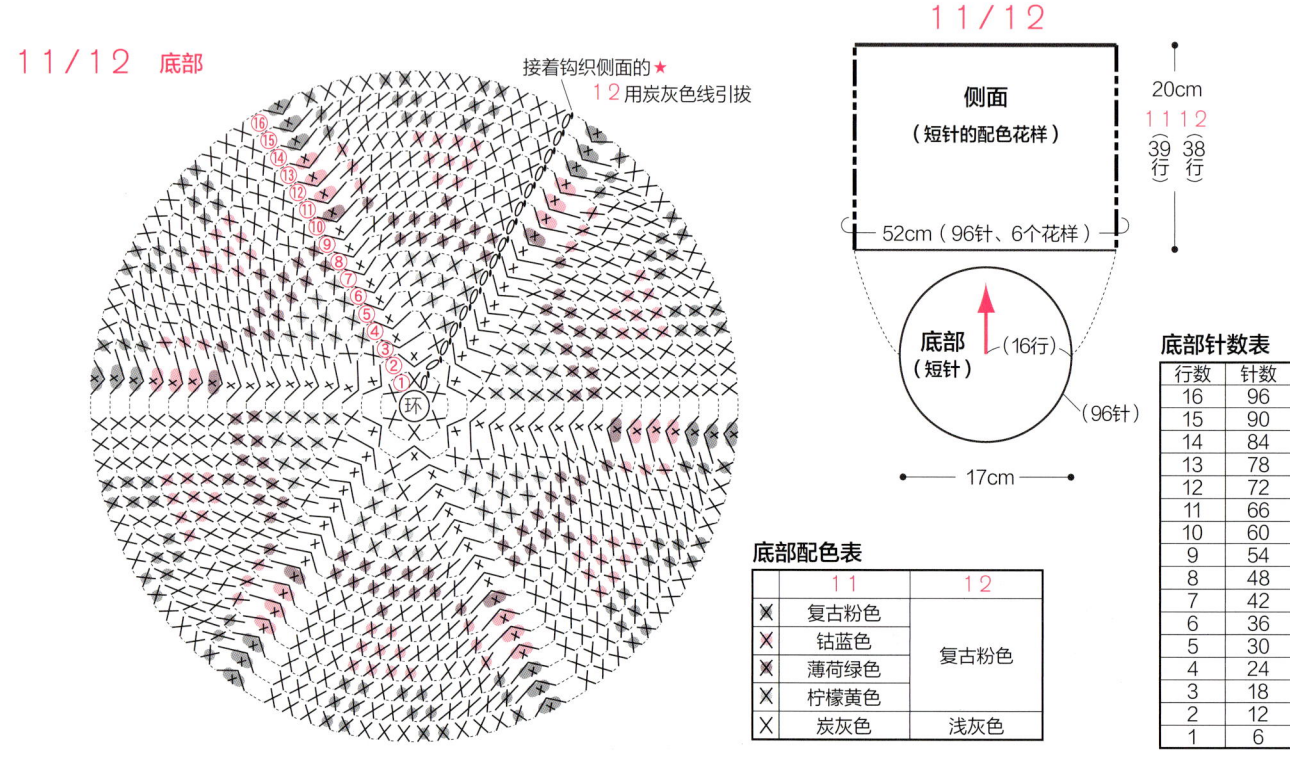

11/12 组合方法

11/12 穿绳位置

● = 穿绳孔（2针）

11/12 底部

11/12

侧面（短针的配色花样）
20cm
11 39 行 12 38 行
52cm（96针、6个花样）

底部（短针）（16行）
（96针）
17cm

底部配色表

	11	12
X	复古粉色	复古粉色
X	钴蓝色	
X	薄荷绿色	
X	柠檬黄色	
X	炭灰色	浅灰色

底部针数表

行数	针数	加针
16	96	+6
15	90	+6
14	84	+6
13	78	+6
12	72	+6
11	66	+6
10	60	+6
9	54	+6
8	48	+6
7	42	+6
6	36	+6
5	30	+6
4	24	+6
3	18	+6
2	12	+6
1	6	

45

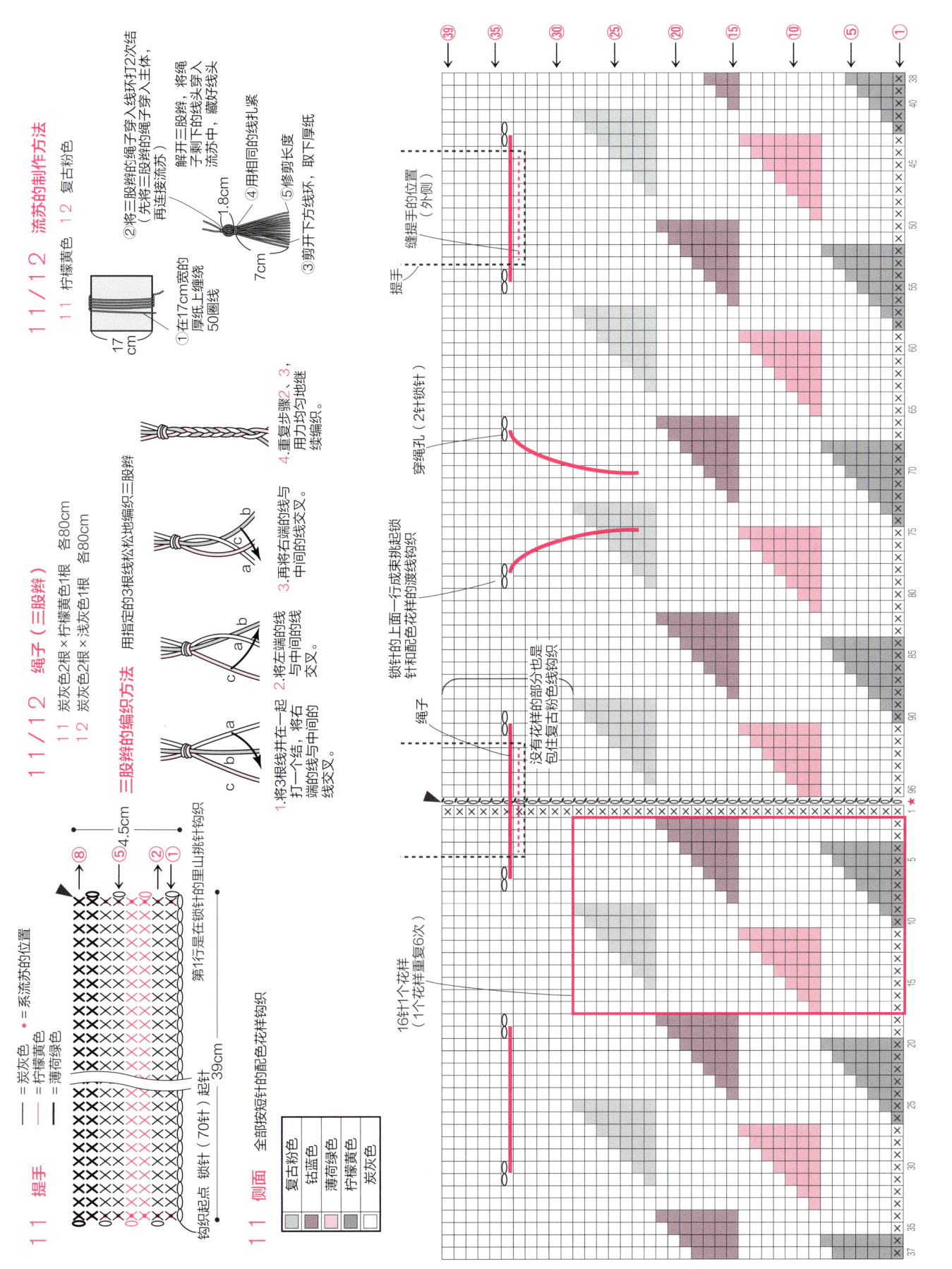

11/12 系流苏的方法

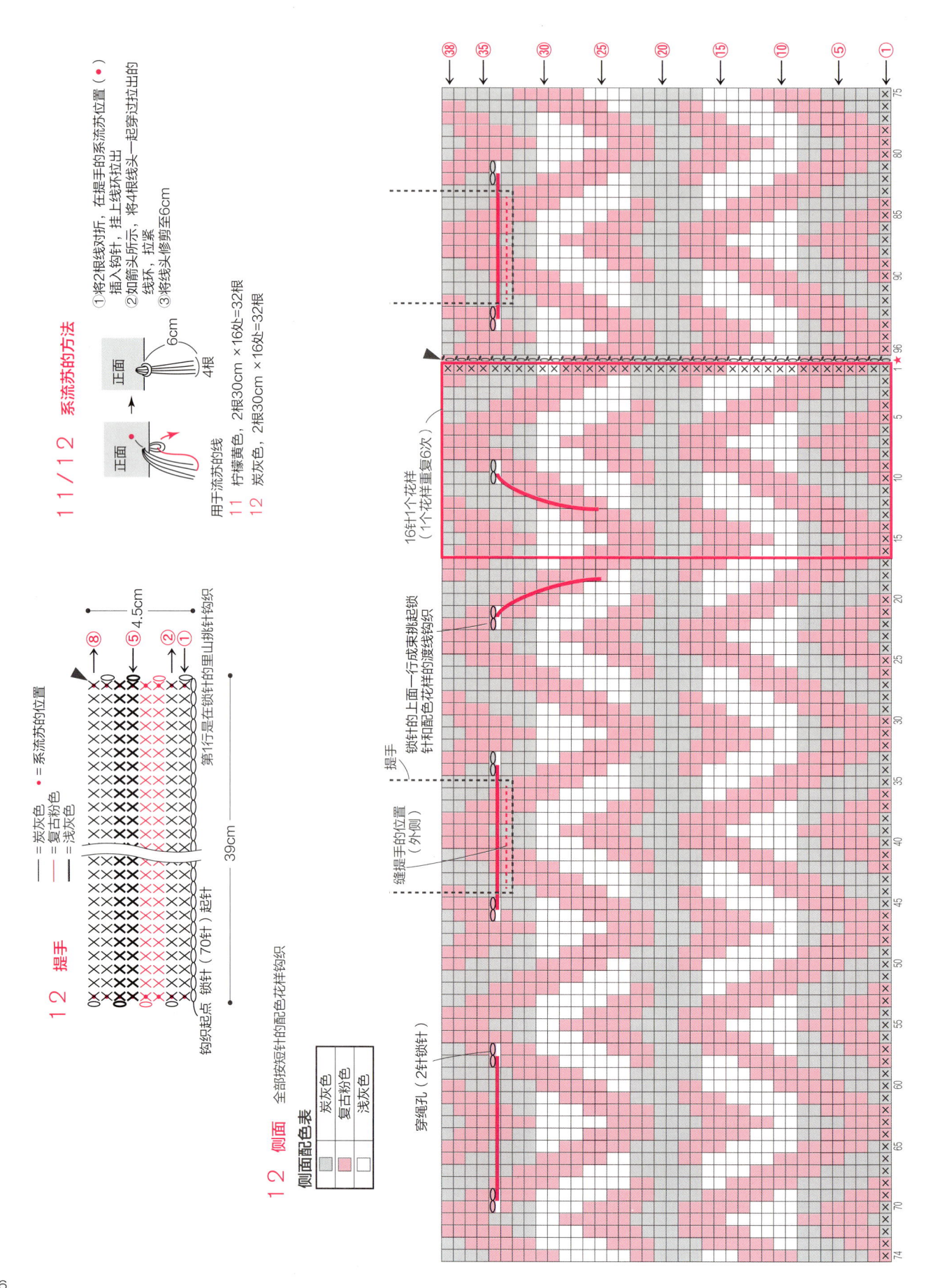

①将2根线对折，在提手的系流苏位置插入钩针，挂上线环拉出
②如箭头所示，将4根线头一起穿过拉出的线环，拉紧
③将线头修剪至6cm

用于流苏的线
11 柠檬黄色，2根30cm×16处=32根
12 炭灰色，2根30cm×16处=32根

12 提手

― = 炭灰色
― = 复古粉色
• = 系流苏的位置

钩织起点 锁针（70针）起针

第1行是在锁针的里山挑针钩织

39cm / 4.5cm

12 侧面 全部按短针的配色花样钩织

侧面配色表
▨	炭灰色
▨	复古粉色
□	浅灰色

- 提手
- 锁针的上面一行成束挑起锁针和配色花样针和配色花样的渡线钩织
- 缝提手的位置（外侧）
- 穿绳孔（2针锁针）

16针11个花样（1个花样重复6次）

13/14

图片 /p.16, 17

✽材料
13：和麻纳卡 eco-ANDARIA／炭灰色（151）
…154g，柠檬黄色（11）…126g，皮革包底（圆形：黑色，直径15.6cm）/（H204-596-2）
…1片
14：和麻纳卡 eco-ANDARIA／黑色（30）
158g，米白色（168）…117g，皮革包底（圆形：黑色，直径15.6cm）/（H204-596-2）
…1片

✽针
钩针5/0号、6/0号

✽密度（10cm×10cm）
短针的配色花样／22.5针，19行

✽成品尺寸
周长 64cm
深 26.5cm（不含提手）

✽钩织方法　※13、14通用的钩织方法
1 底部用5/0号针从皮革包底上挑取96针，接着按短针的配色花样一边加针一边钩织6行。
2 侧面按短针的配色花样无须加减针钩织50行。中途在第48行留出穿绳孔。
3 提手钩织正面和反面各1片，将2片织物正面朝外对齐，在周围做卷针缝合。
4 绳子用指定颜色的2根线钩织锁针，穿入侧面的穿绳孔中。
5 用指定颜色的2根线制作流苏，连接在绳子的两端。
6 将提手缝在指定位置的内侧。

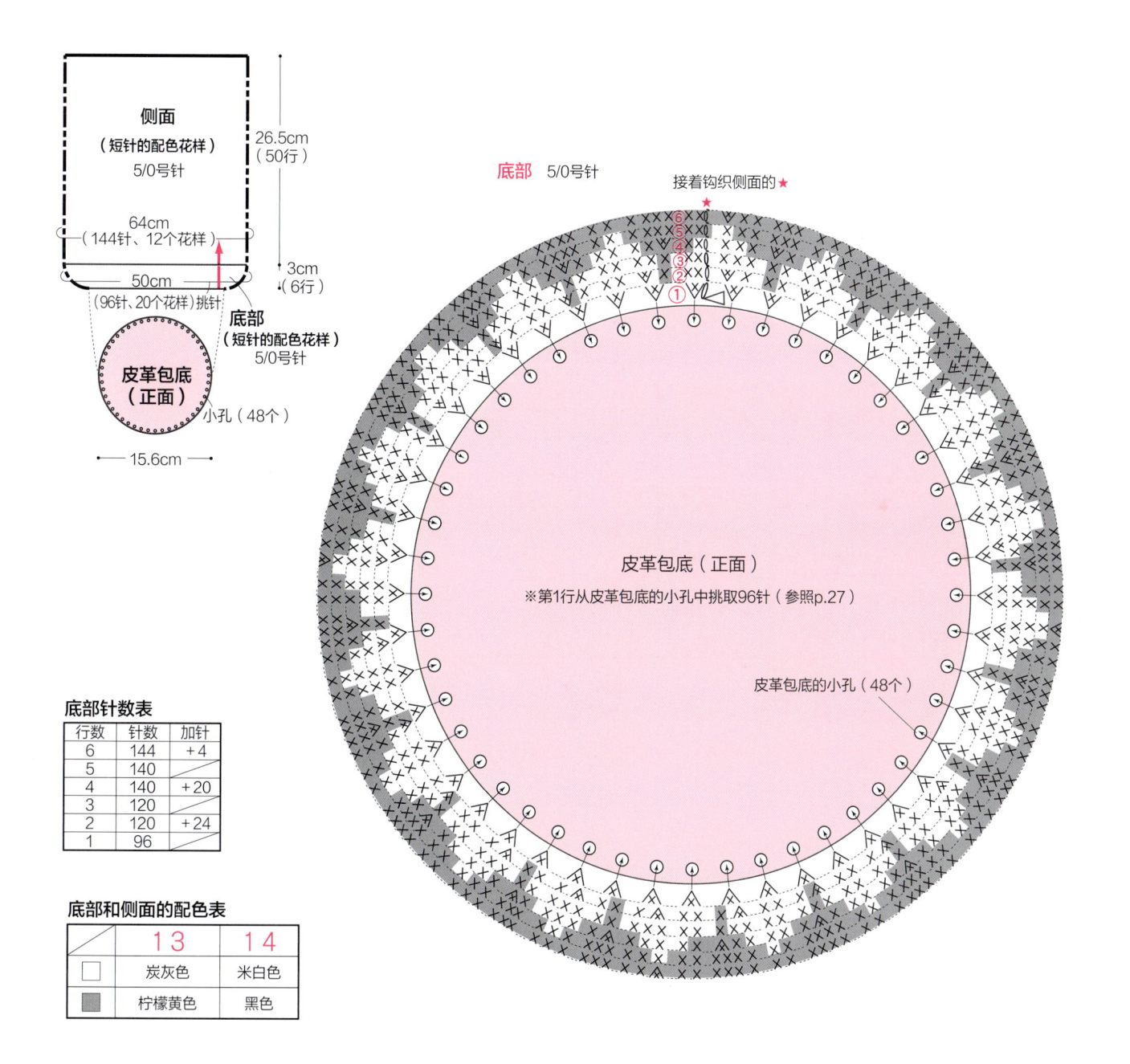

底部针数表

行数	针数	加针
6	144	+4
5	140	
4	140	+20
3	120	
2	120	+24
1	96	

底部和侧面的配色表

	13	14
□	炭灰色	米白色
■	柠檬黄色	黑色

48

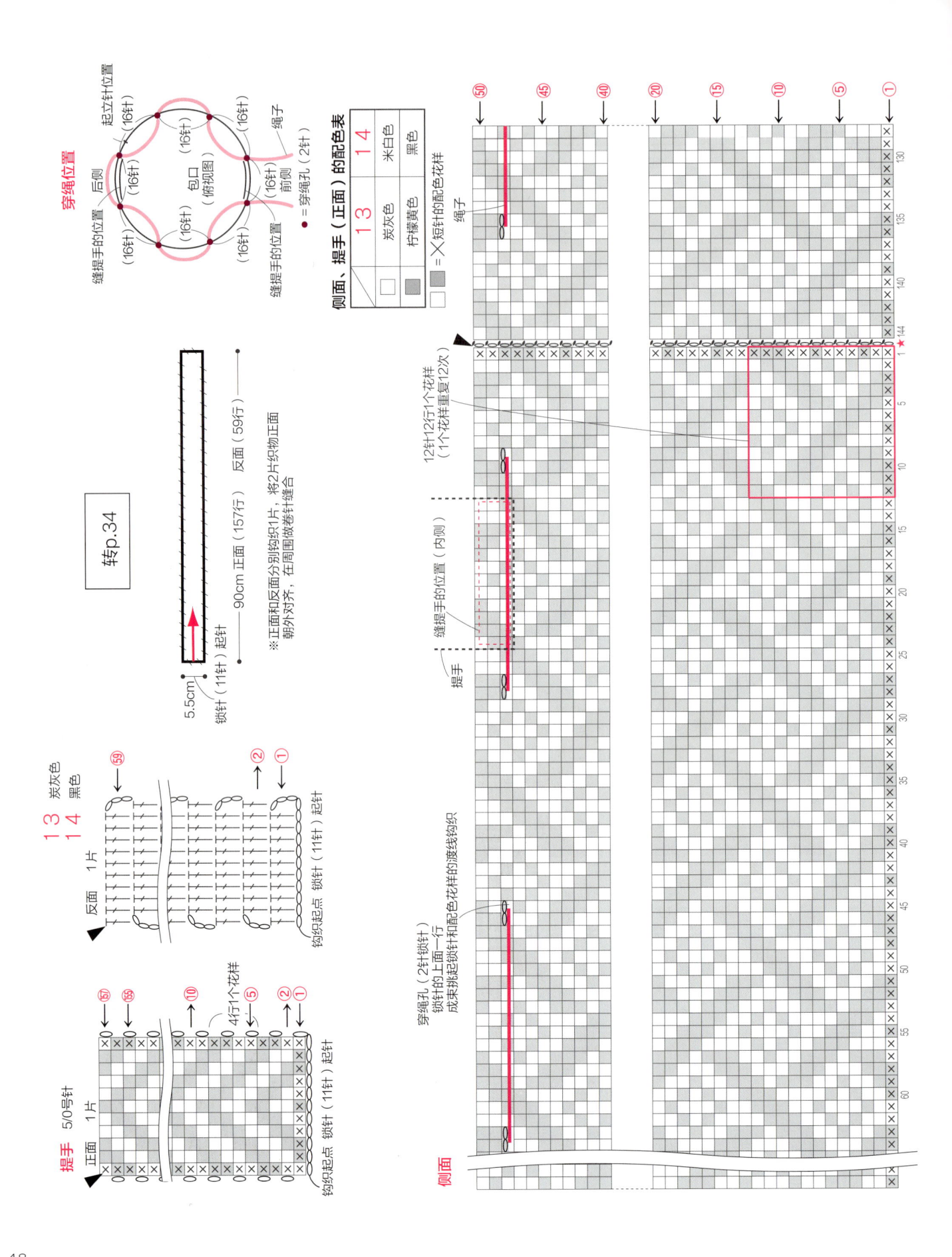

15/16

图片 /p.18, 19

＊材料
15：和麻纳卡 eco-ANDARIA／米白色（168）
…56g，黑色（30）…52g
16：和麻纳卡 eco-ANDARIA／姜黄色（139）
…51g，米白色（168）…38g

＊针
钩针 5/0 号、6/0 号

＊密度（10cm×10cm）
短针的条纹针的配色花样／21 针，15 行

＊成品尺寸
周长 45.5cm
深 16.5cm（不含提手）

＊钩织方法 ※除特别指定外均为 15、16 通用的钩织方法
1. 底部环形起针，用 5/0 号针一边加针一边钩织 14 行短针。
2. 侧面换成 6/0 号针，按短针的条纹针的配色花样无须加减针钩织 25 行。中途，15 在第 21 行、16 在第 22 行留出穿绳孔。
3. 提手按短针的配色花样钩织 7 行，分别在指定位置做引拔针锁链绣（参照 p.27）。将提手缝在侧面指定位置的内侧。
4. 绳子用指定颜色的线钩织锁针和引拔针，穿入主体的穿绳孔中。
5. 制作流苏，连接在绳子的两端。

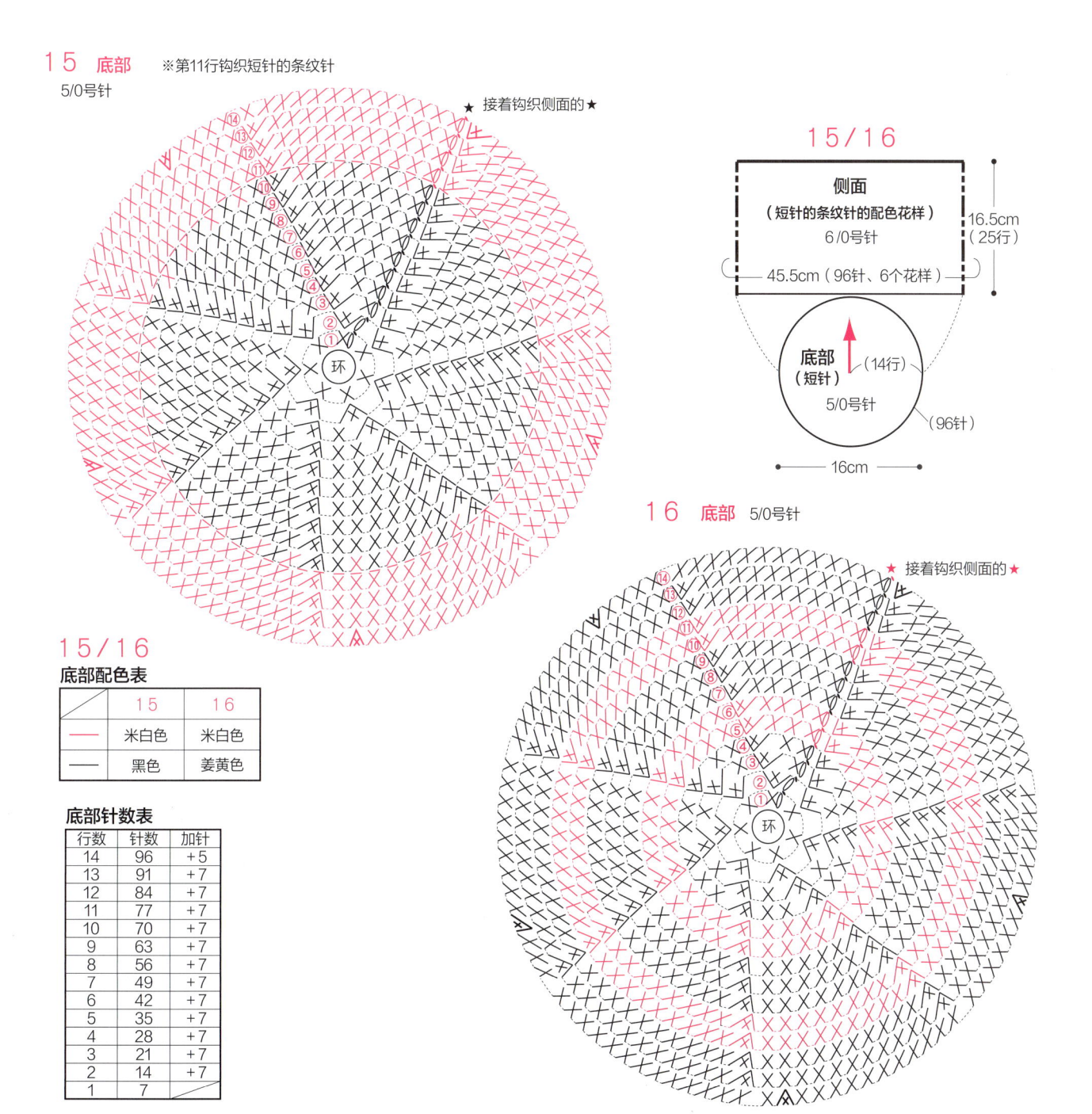

15 底部 ※第11行钩织短针的条纹针
5/0号针

★ 接着钩织侧面的 ★

15/16

侧面
（短针的条纹针的配色花样）
6/0号针
45.5cm（96针、6个花样）

16.5cm（25行）

底部（短针）（14行）
5/0号针
（96针）

16cm

16 底部 5/0号针

★ 接着钩织侧面的 ★

15/16 底部配色表

	15	16
—	米白色	米白色
—	黑色	姜黄色

底部针数表

行数	针数	加针
14	96	+5
13	91	+7
12	84	+7
11	77	+7
10	70	+7
9	63	+7
8	56	+7
7	49	+7
6	42	+7
5	35	+7
4	28	+7
3	21	+7
2	14	+7
1	7	

15 提手 5/0号针

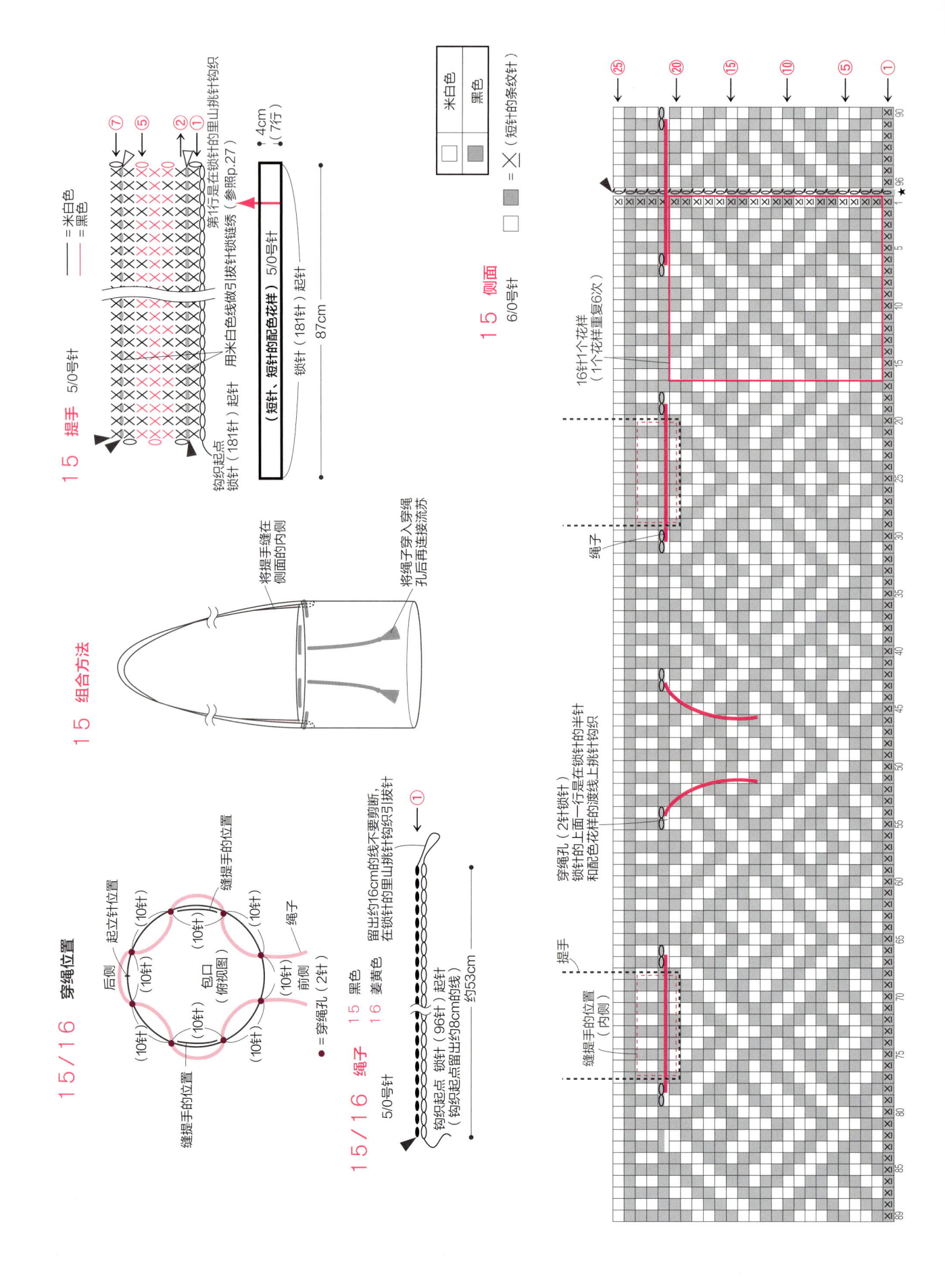

钩织起点 锁针（181针）起针 87cm

用米白色线做引拔针锁针链绣
第1行是在锁针的里山挑针钩织 参照p.27

4cm（7行）

— = 米白色
— = 黑色

（短针、短针的配色花样）5/0号针
锁针（181针）起针

15 组合方法

将提手缝在侧面的内侧
将绳子穿入穿绳孔后再连接流苏

15/16 穿绳位置

起立针位置
缝提手的位置
后侧
(10针) (10针)
(10针) 包口 (10针)
(俯视图)
(10针) (10针)
前侧
● = 穿绳孔（2针）

15/16 绳子
15 黑色
16 姜黄色
5/0号针

钩织起点 锁针（96针）起针
（钩织起点留出约8cm的线）
约53cm

留出约16cm的线不要剪断，
在锁针的里山挑针钩织引拔针 ①

15 侧面 6/0号针

□ = 米白色
■ = 黑色
× = 𐄂（短针的条纹针）

16针1个花样
（1个花样重复6次）

绳子
穿绳孔（2针锁针）
锁针的上面一行是在锁针的半针
和配色花样的渡线上挑针钩织

提手
缝提手的位置（内侧）

51

17/18

图片 /p.20, 21　重点教程 /p.28

＊材料
17: 和麻纳卡 eco-ANDARIA／黑色（30）…68g，金色（170）…61g，米白色（168）…51g
18: 和麻纳卡 eco-ANDARIA／白色（1）…68g，浅灰色（148）…61g，蓝色（20）…51g

＊针
钩针 5/0 号、6/0 号

＊密度（10cm×10cm）
短针的条纹针的配色花样／21 针，12 行

＊成品尺寸
周长 61cm
深 24.5cm（不含提手）

＊钩织方法　※17、18 通用的钩织方法
1 底部环形起针，用 5/0 号针按短针和短针的条纹针的配色花样一边加针一边钩织 15 行。
2 侧面换成 6/0 号针，按短针的条纹针的配色花样无须加减针钩织 26 行。在第 27 行的指定位置留出穿绳孔。
3 换回 5/0 号针，一边减针一边钩织 3 行短针，最后钩织 1 行引拔针调整形状。
4 提手按编织花样钩织 7 行，再钩织边缘调整形状。将提手缝在侧面指定位置的内侧，再在两端做卷针缝。
5 钩织罗纹绳，穿入侧面的穿绳孔中。
6 制作流苏和流苏帽，参照组合方法进行组合（参照 p.28）。

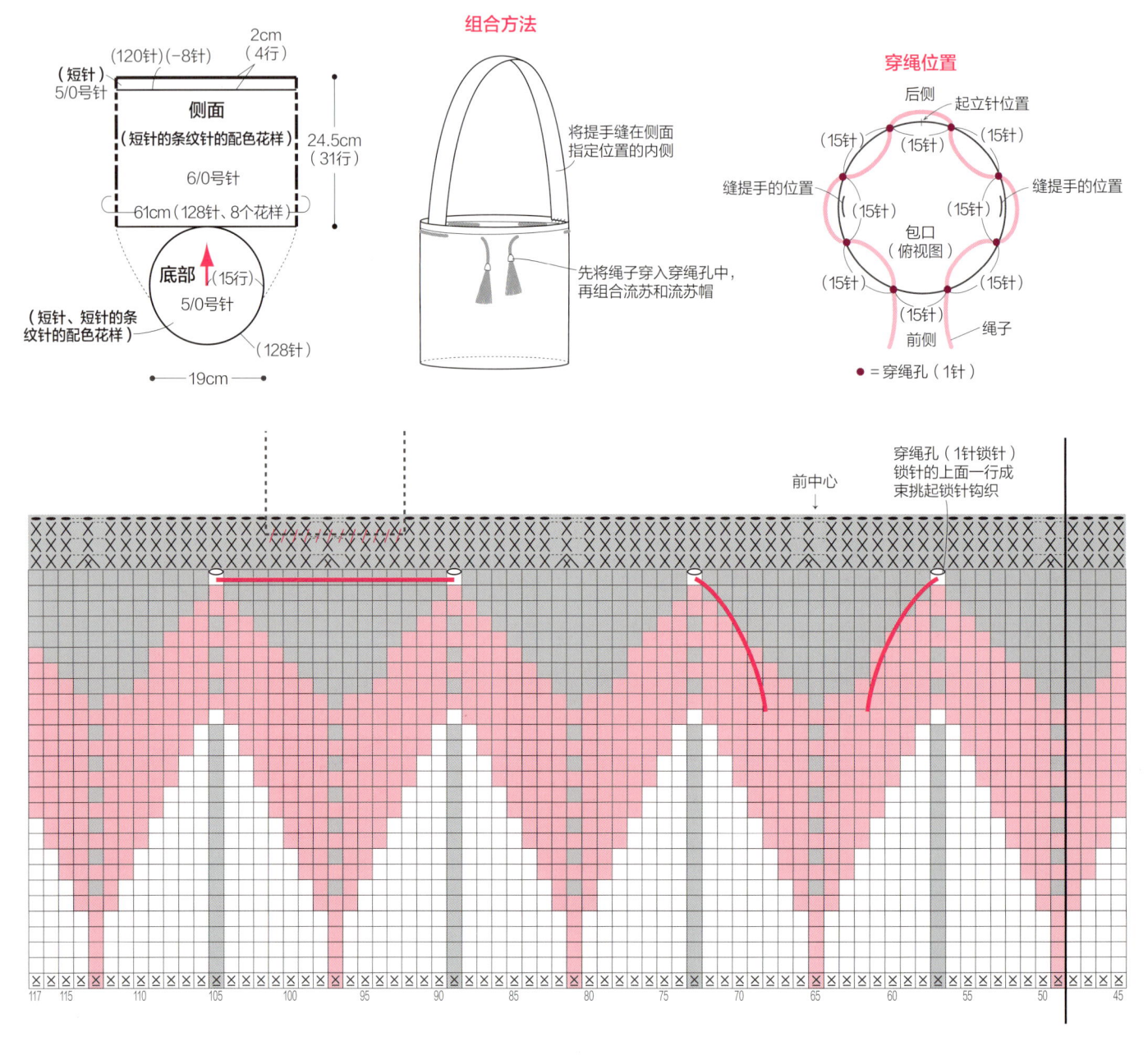

底部
5/0号针

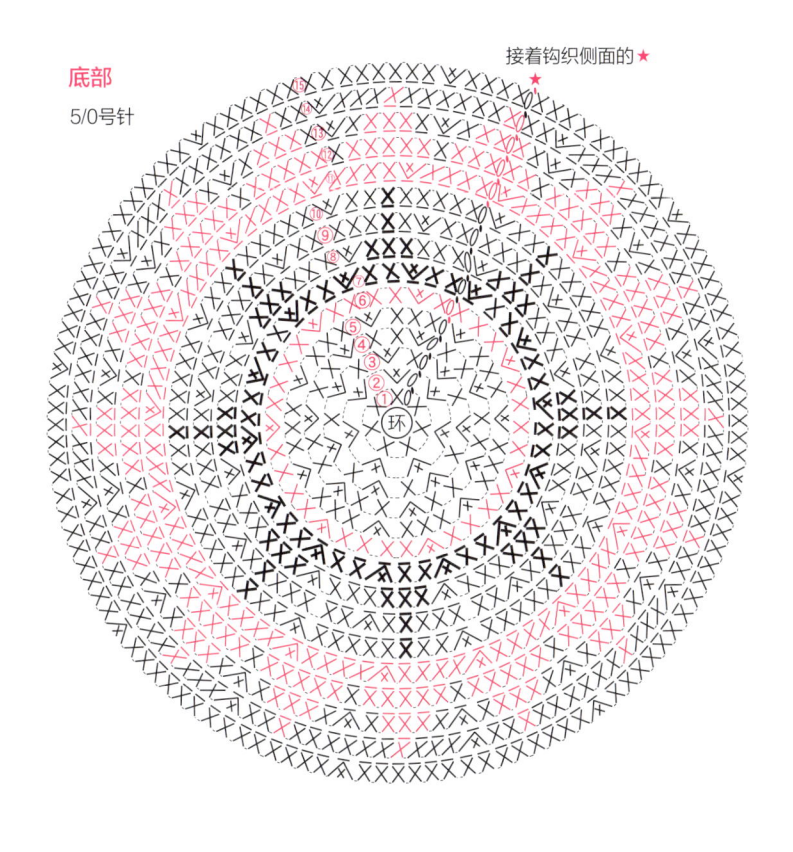

接着钩织侧面的 ★

底部配色表

	17	18
―	金色	浅灰色
―	米白色	蓝色
―	黑色	白色

底部针数表

行数	针数	加针
15	128	+8
14	120	+8
13	112	+16
12	96	
11	96	+16
10	80	+8
9	72	+8
8	64	+8
7	56	+14
6	42	+7
5	35	+7
4	28	+7
3	21	+7
2	14	+7
1	7	

短针的条纹针

侧面 6/0号针

侧面配色表

	17	18
・ ○	米白色	蓝色
	金色	浅灰色
	黑色	白色

□ ■ ■ = ✕ 短针的条纹针的配色花样

缝提手的位置

将提手放在侧面的内侧，在提手的•部分以及第3行的头部2根线里挑针，往返做平针缝

用卷针缝将提手的两端缝在侧面的内侧

16针（15针）1个花样（1个花样重复8次）

后侧中心

绳子

5/0号针
6/0号针

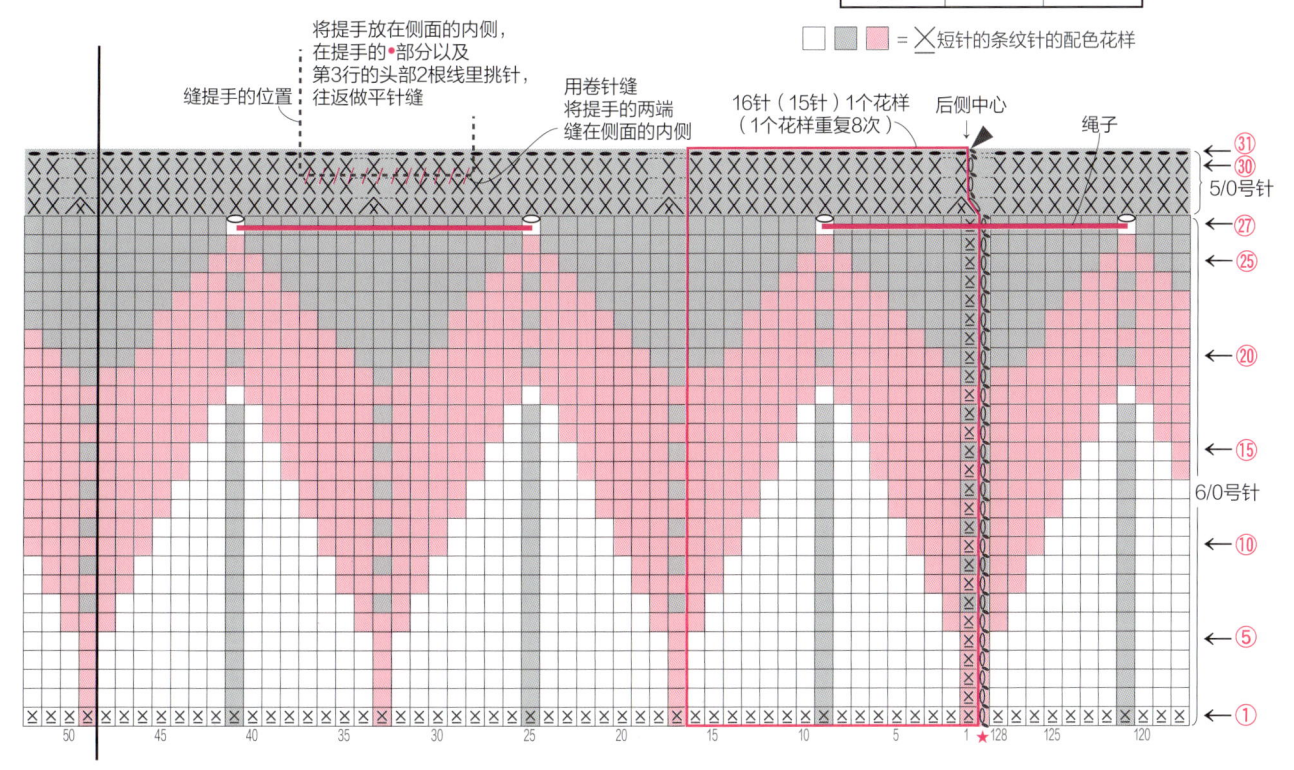

提手　6/0号针

※第4、5行的短针是在前2行的短针上挑针，包住前一行的锁针钩织

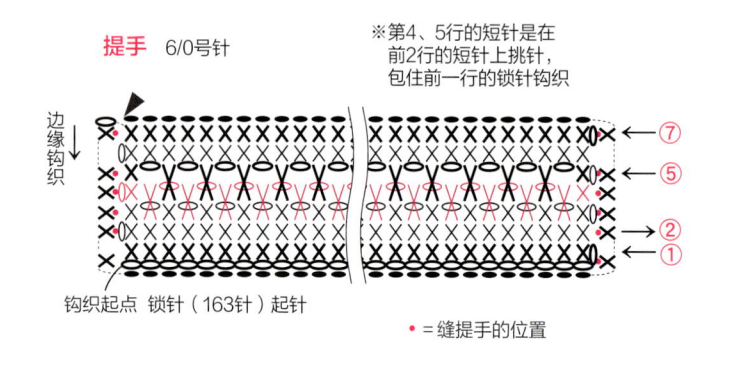

边缘钩织↓

钩织起点　锁针（163针）起针

● = 缝提手的位置

提手配色表

	17	18
米白色	蓝色	
黑色	白色	
金色	浅灰色	

（编织花样）　6/0号针

↕3.5cm（7行）

90cm 锁针（163针）起针　　0.3cm（1行）

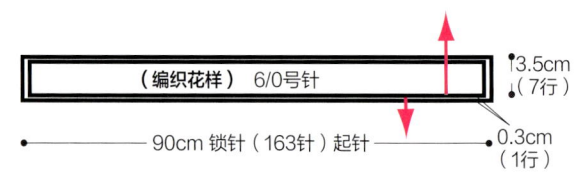

绳子　罗纹绳　6/0号针　　17 金色　　18 浅灰色

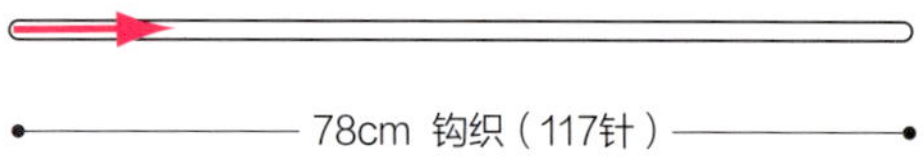

留出15cm的线头，用于连接流苏

78cm 钩织（117针）

流苏帽　2个　5/0号针

钩织终点留出15cm的线头剪断，在第4行的外侧半针里穿一圈线

17 米白色
18 蓝色

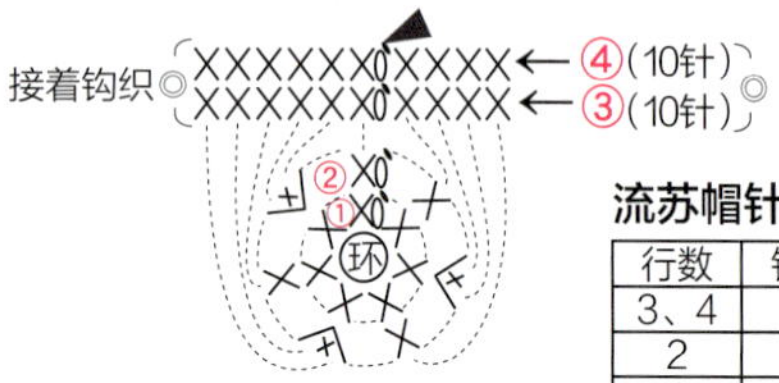

接着钩织　　④（10针）　③（10针）

流苏帽针数表

行数	针数	加针
3、4	10	
2	10	+3
1	7	

流苏的制作方法　2个　　17 黑色　　18 白色

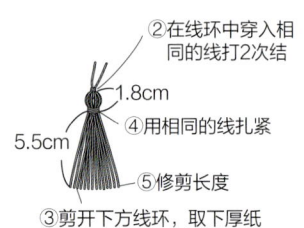

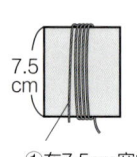

①在7.5cm宽的厚纸上缠绕45圈线

②在线环中穿入相同的线打2次结
④用相同的线扎紧
⑤修剪长度
③剪开下方线环，取下厚纸

7.5cm　1.8cm　5.5cm

流苏与流苏帽的组合方法

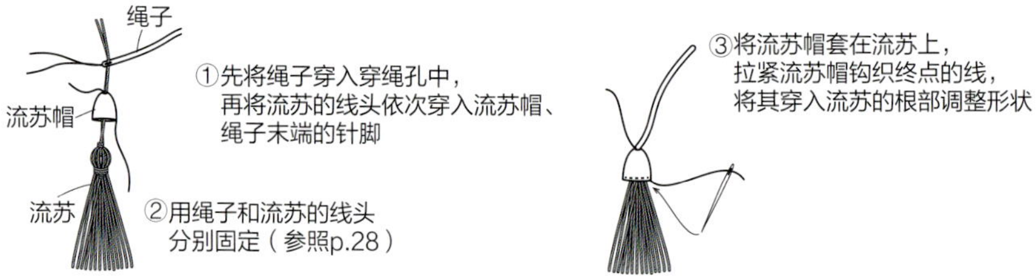

绳子
流苏帽
流苏

①先将绳子穿入穿绳孔中，再将流苏的线头依次穿入流苏帽、绳子末端的针脚
②用绳子和流苏的线头分别固定（参照p.28）

③将流苏帽套在流苏上，拉紧流苏帽钩织终点的线，将其穿入流苏的根部调整形状

19 / 20

图片 /p.22, 23

*材料
19：和麻纳卡 eco-ANDARIA /沙米色（169）…100g，蓝色（20）…50g，橘黄色（98）…45g，皮革包底（大/米色，直径20cm）/（H204-619）…1片

20：和麻纳卡 eco-ANDARIA /黑色（30）…135g，米白色（168）…45g，皮革包底（大/米色，直径20cm）/（H204-619）…1片

*针
钩针 6/0 号、7/0 号

*密度（10cm×10cm）
19：短针的配色花样 / 21.5针，20行
20：短针的配色花样 / 20针，21行

*成品尺寸
19：周长 56cm，深 27.5cm（不含提手）
20：周长 60cm，深 26cm（不含提手）

*钩织方法
※除特别指定外均为 19、20 通用的钩织方法

1. 底部用 6/0 号针从皮革包底上挑取 90 针，一边加针一边钩织 2 行短针。
2. 侧面按短针的配色花样无须加减针钩织 55 行。中途在第 50 行留出穿绳孔。
3. 提手用指定颜色的线钩织短针，缝在侧面指定位置的内侧。
4. 绳子用指定颜色的 2 根线钩织锁针，穿入穿绳孔中。
5. 制作流苏，19 用指定颜色的 3 根线、20 用指定颜色的 2 根线分别缠绕指定圈数。将流苏连接在绳子的两端。

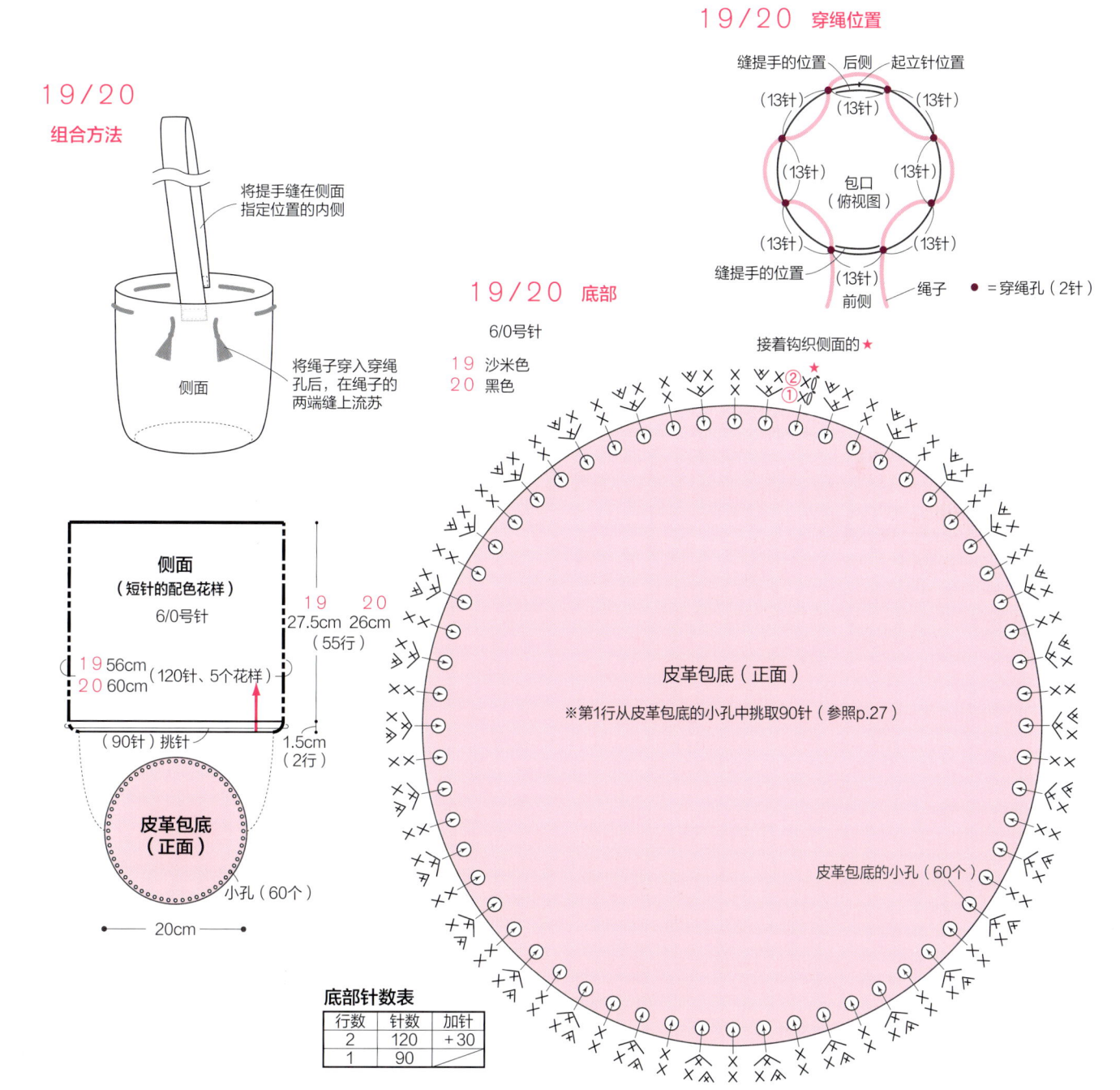

19/20 穿绳位置

缝提手的位置　后侧　起立针位置
（13针）（13针）（13针）
包口（俯视图）
（13针）（13针）（13针）
缝提手的位置　前侧　绳子　● =穿绳孔（2针）

19/20 组合方法

将提手缝在侧面指定位置的内侧
将绳子穿入穿绳孔后，在绳子的两端缝上流苏
侧面

19/20 底部
6/0号针
19 沙米色
20 黑色

接着钩织侧面的 ★

皮革包底（正面）
※第1行从皮革包底的小孔中挑取90针（参照p.27）

皮革包底的小孔（60个）

侧面（短针的配色花样）
6/0号针

19　56cm（120针、5个花样）
20　60cm

19　27.5cm　20　26cm（55行）

（90针）挑针　1.5cm（2行）

皮革包底（正面）　小孔（60个）　20cm

底部针数表

行数	针数	加针
2	120	+30
1	90	

19 侧面配色表

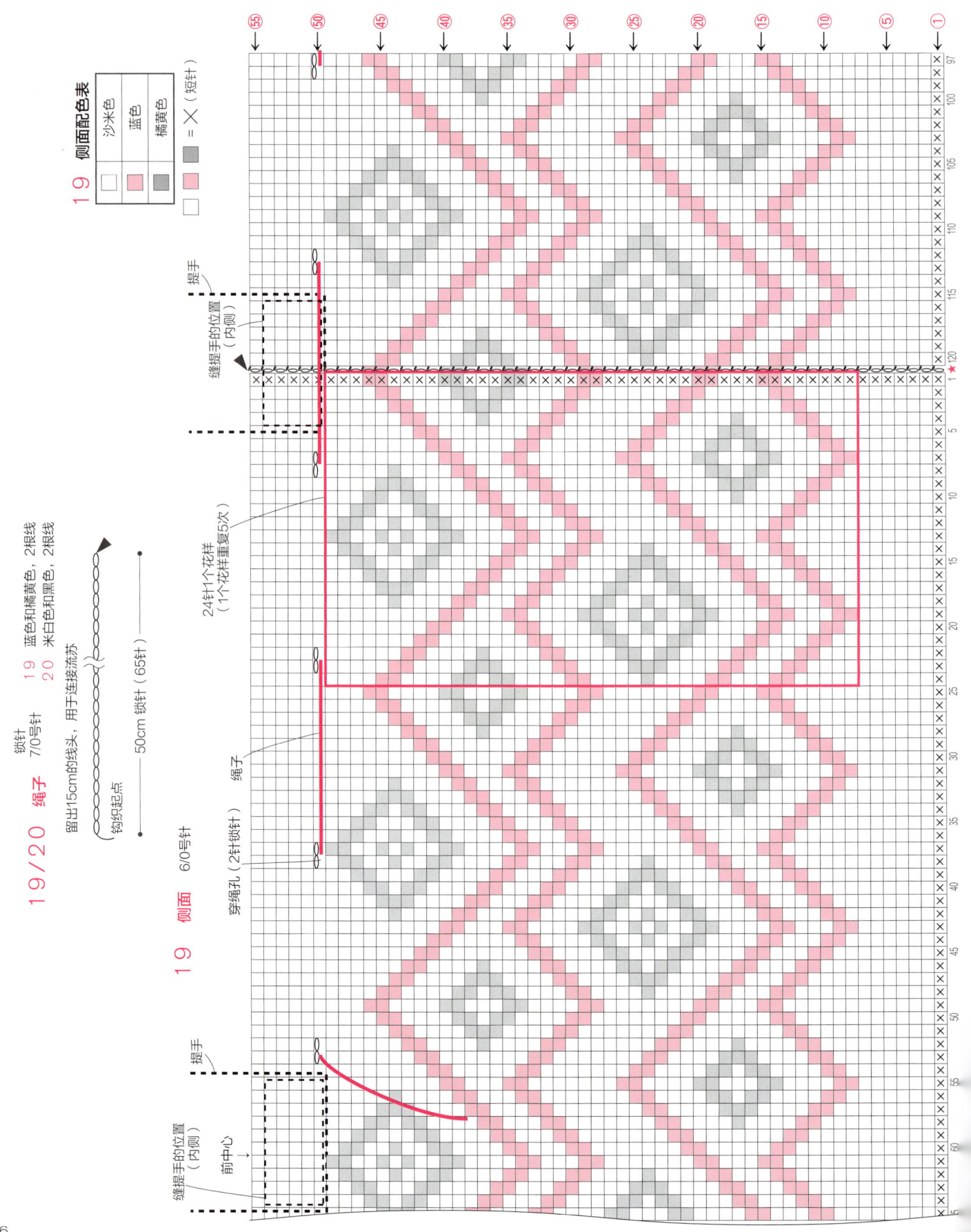

	沙米色	蓝色	橘黄色
19	□	▨ (粉)	▨ (灰)

= × (短针)

19/20 绳子
锁针 7/0号针
- 19 蓝色和橘黄色，2根线
- 20 米白色和黑色，2根线

留出15cm的线头，用于连接流苏

(钩织起点)
50cm 锁针 (65针)

19 侧面 6/0号针

穿绳孔 (2针锁针)

24针1个花样 (1个花样重复5次)

提手
缝提手的位置 (内侧)
前中心
绳子

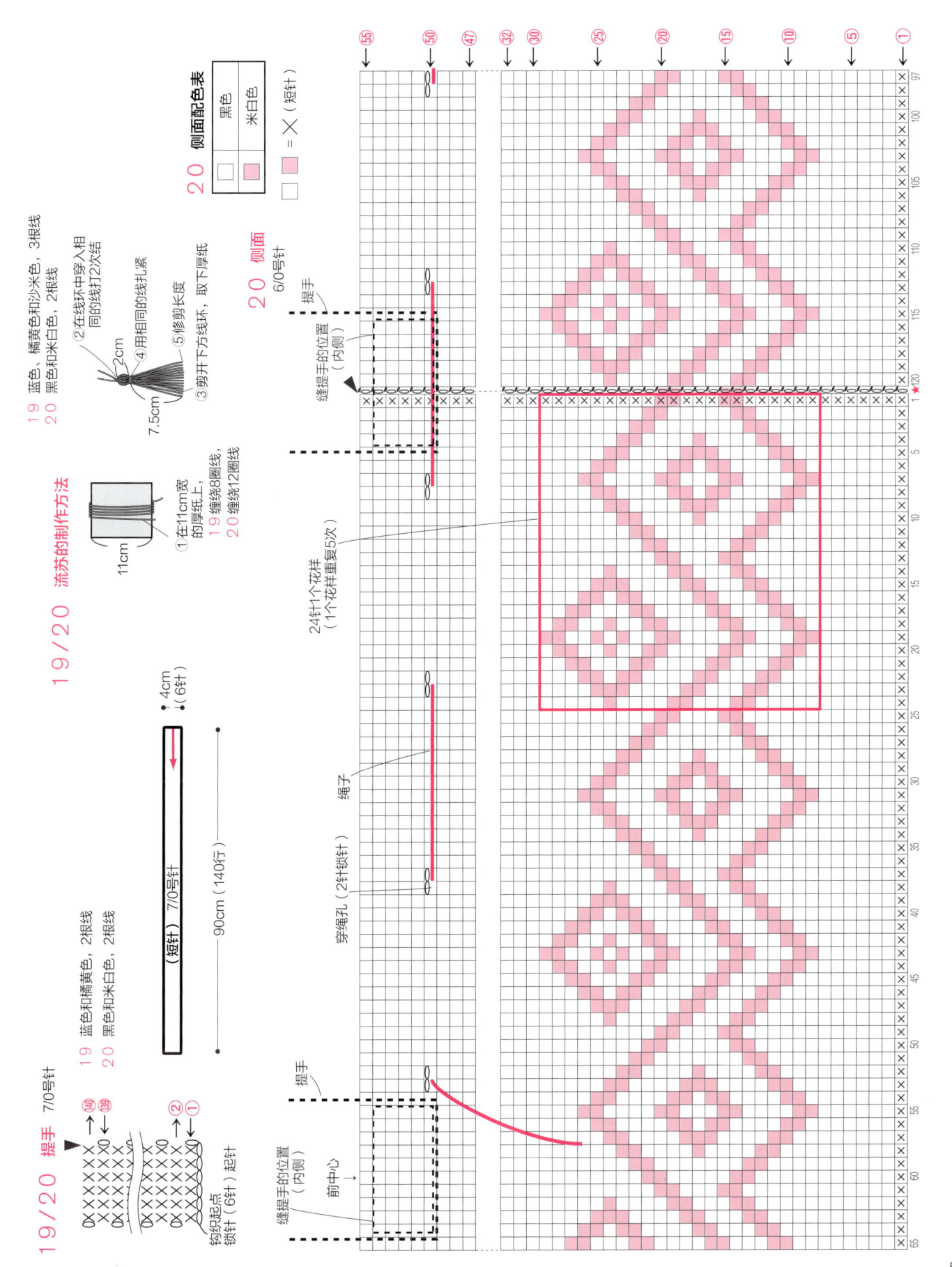

19/20 流苏的制作方法

19 蓝色、橘黄色和沙米色，3根线
20 黑色和黑白米白色，2根线

① 在11cm宽的厚纸上，
19 缠绕8圈线，
20 缠绕12圈线

② 在线环中穿入相同的线打2次结
③ 剪开下方线环，取下厚纸
④ 用相同的线扎紧
⑤ 修剪长度

2cm
7.5cm
11cm

19/20 提手 7/0号针

钩织起点
锁针（6针）起针

（短针）7/0号针
90cm（140行）
4cm（6针）

19 蓝色和橘黄色，2根线
20 黑色和米白色，2根线

20 侧面 6/0号针

24针1个花样（1个花样重复5次）

缝提手的位置（内侧）
提手
绳子
穿绳孔（2针锁针）
缝提手的位置（内侧）
前中心

20 侧面配色表

	黑色
	米白色

□ = × (短针)

57

21/22

图片 /p.24, 25

* **材料**
21：和麻纳卡 eco-ANDARIA / 米白色（168）…37g，黑色（30）…30g，樱桃红色（37）…21g

22：和麻纳卡 eco-ANDARIA / 橄榄绿色（61）…37g，灰粉色（54）…30g，白色（1）…21g

* **针**
钩针 5/0 号、6/0 号

* **密度（10cm×10cm）**
短针的条纹针的配色花样 / 21 针，15 行

* **成品尺寸**
周长 46cm
深 17.5cm（不含提手）

* **钩织方法** ※21、22 通用的钩织方法
1 底部环形起针，用 5/0 号针一边加针一边钩织 14 行短针。
2 侧面换成 6/0 号针，按短针的条纹针的配色花样无须加减针钩织 26 行。中途在第 24 行留出穿绳孔。
3 提手按短针的条纹针的配色花样钩织 3 行，在起针的锁针上挑针做引拔针锁链绣（参照 p.27）。将提手缝在侧面指定位置的内侧。
4 绳子钩织锁针和引拔针，穿入侧面的穿绳孔中。
5 制作流苏，连接在绳子的两端。

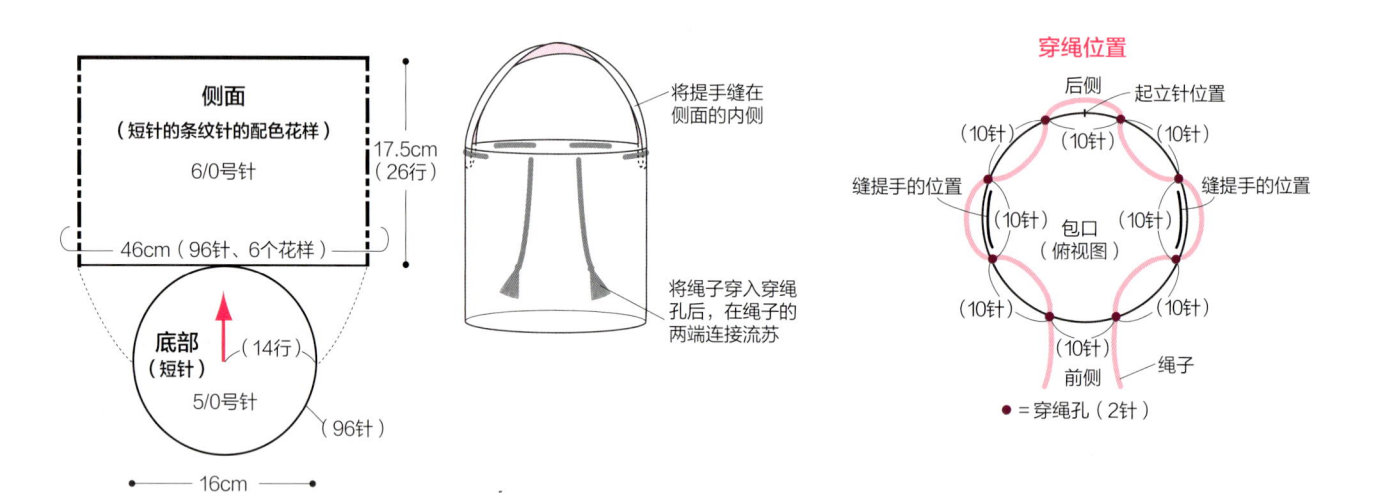

底部配色表

	21	22
—	樱桃红色	白色
—	米白色	橄榄绿色

底部针数表

行数	针数	加针
14	96	+5
13	91	+7
12	84	+7
11	77	+7
10	70	+7
9	63	+7
8	56	+7
7	49	+7
6	42	+7
5	35	+7
4	28	+7
3	21	+7
2	14	+7
1	7	

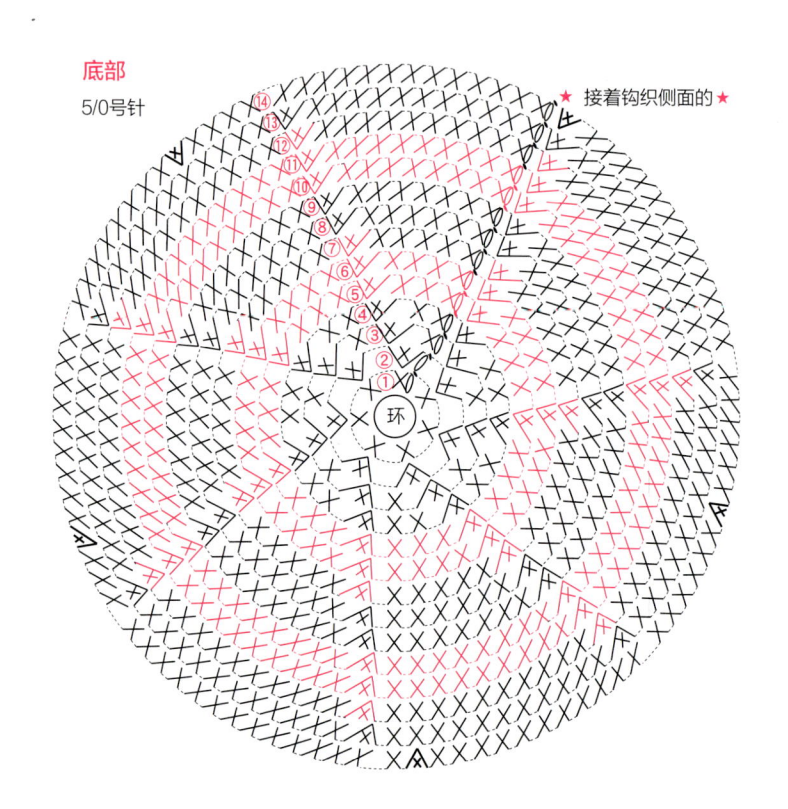

流苏的制作方法

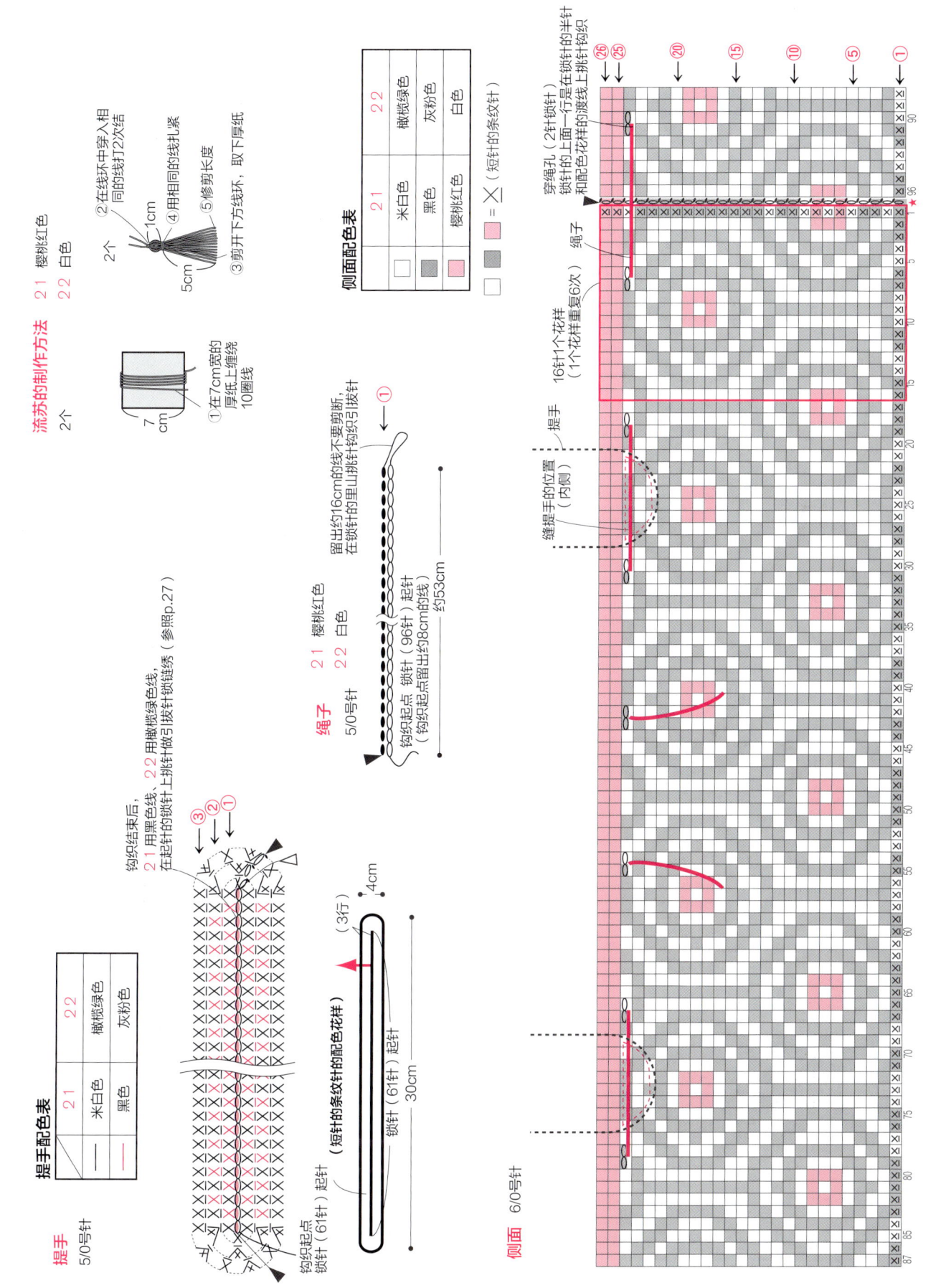

21 樱桃红色
22 白色

① 在7cm宽的厚纸上绕线10圈
② 在线环中穿入相同的线打2次结
③ 剪开下方线环,取下厚纸
④ 用相同的线打紧
⑤ 修剪长度

2个

侧面配色表

	21	22
	米白色	橄榄绿色
	黑色	灰粉色
	樱桃红色	白色

= ✕(短针的条纹针)

绳子

5/0号针

21 樱桃红色
22 白色

留出约16cm的线不要剪断,在锁针的里山挑针钩织引拔针

钩织起点 锁针(96针)起针
(钩织起点留出约8cm的线)
约53cm

提手

5/0号针

钩织结束后,
21用黑色线,22用橄榄绿色线,在起针的锁针上挑针做引拔针链绣(参照p.27)

提手配色表

	21	22
—	米白色	橄榄绿色
—	黑色	灰粉色

钩织起点 锁针(61针)起针
(短针的条纹针的配色花样)
30cm (3行)
4cm

侧面 6/0号针

穿绳孔(2针锁针)
锁针的上面一行是在锁针上挑针的半针和配色花样相同的渡线上挑针钩织

16针1个花样
(1个花样重复6次)

绳子
提手
缝提手的位置(内侧)

钩针编织基础

如何看懂编织图

本书中的编织图均表示从织物正面看到的状态，根据日本工业标准（JIS）制定。
钩针编织没有正针和反针的区别（内钩针和外钩针除外），
交替看着正、反面进行往返钩织时也用相同的针法符号表示。

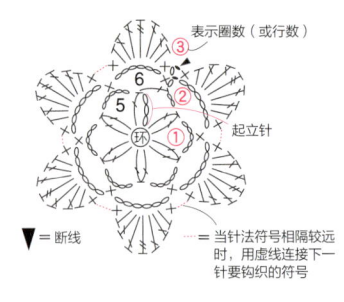

从中心向外环形钩织时

在中心环形起针（或钩织锁针连接成环状），然后一圈圈地向外钩织。每圈的起始处都要先钩1个锁针作为起立针。通常情况下，都是看着织物的正面按符号图逆时针钩织。

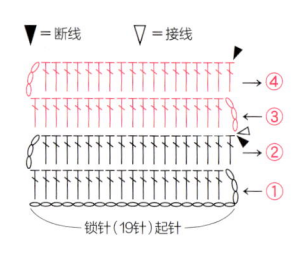

▼＝断线　▽＝接线

往返钩织时

特点是左右两侧都有起立针。原则上，当起立针位于右侧时，看着织物的正面按符号图从右往左钩织；当起立针位于左侧时，看着织物的反面按符号图从左往右钩织。左图表示在第3行换成配色线钩织。

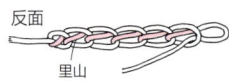

锁针（19针）起针

锁针的识别方法

锁针有正、反面之分。反面中间突出的1根线叫作锁针的"里山"。

▼＝断线
---＝当针法符号相隔较远时，用虚线连接下一针要钩织的符号

表示圈数（或行数）
起立针

带线和持针的方法

1 从左手的小指和无名指之间将线向前拉出，然后挂在食指上，将线头拉至手掌前。

2 用拇指和中指捏住线头，竖起食指使线绷紧。

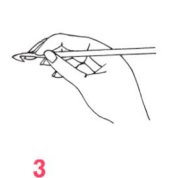

3 用右手的拇指和食指捏住钩针，用中指轻轻抵住针头。

起始针的钩织方法

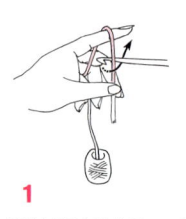

1 将钩针抵在线的后侧，如箭头所示转动针头。

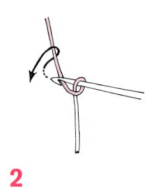

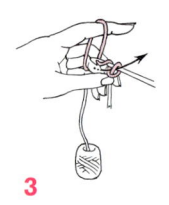

2 再在针头上挂线。

3 从线环中将线向前拉出。

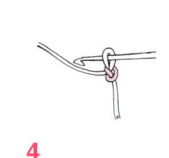

4 拉动线头收紧针脚，起始针就完成了（此针不计为1针）。

起针

从中心向外环形钩织时（用线头制作线环）

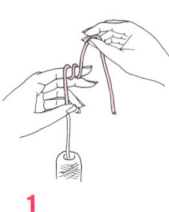

1 在左手食指上绕2圈线，制作线环。

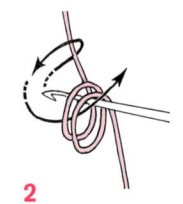

2 取下线环重新捏住，在线环中插入钩针，挂线后向前拉出。

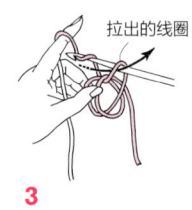

3 针头再次挂线拉出，钩1针锁针起立针。

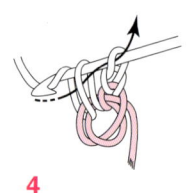

4 第1圈在线环中插入钩针，钩织所需针数的短针。

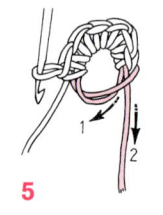

5 暂时取下钩针，拉动最初制作线环的线（1）和线头（2），收紧线环。

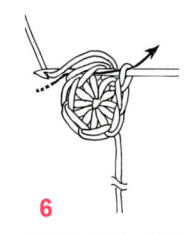

6 第1圈结束时，在第1针短针的头部插入钩针，挂线引拔。

从中心向外环形钩织时（钩锁针制作线环）

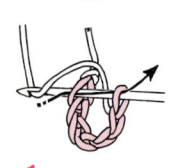

1 钩织所需针数的锁针，在第1针锁针的半针里插入钩针引拔。

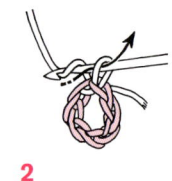

2 针头挂线后拉出，此针就是锁针起立针。

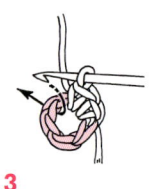

3 第1圈在线环中插入钩针，成束挑起锁针钩织所需针数的短针。

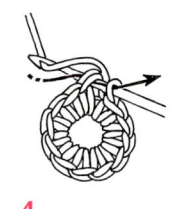

4 第1圈结束时，在第1针短针的头部插入钩针，挂线引拔。

往返钩织时

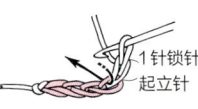

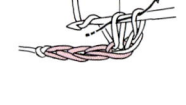

1 钩织所需针数的锁针和起立针。在边上第2针锁针里插入钩针，挂线后拉出。

2 针头挂线，如箭头所示将线拉出，钩织短针。

3 图为第1行完成后的状态（1针锁针起立针不计为1针）。

在前一行挑针的方法

同样是枣形针,符号不同,挑针的方法也不同。符号下方是闭合状态时,在前一行的1个针脚里钩织;符号下方是打开状态时,成束挑起前一行的锁针钩织。

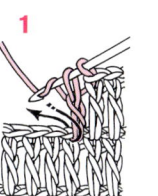

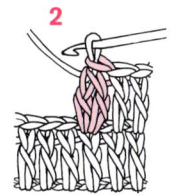

在1个针脚里钩织 1 2

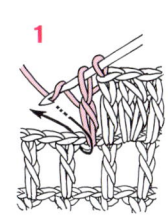

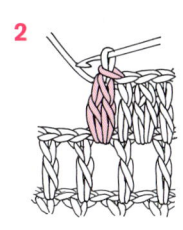

成束挑起锁针钩织 1 2

针法符号

● 引拔针

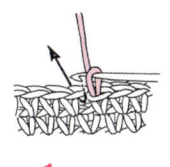

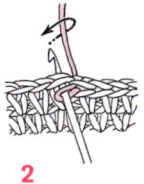

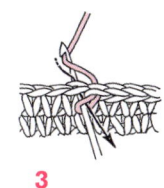

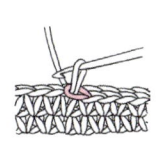

1 在前一行的针脚中插入钩针。
2 针头挂线。
3 将线一次性拉出。
4 1针引拔针完成。

○ 锁针

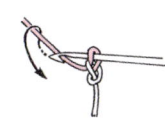

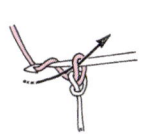

1 制作起始针(参照 p.60)。
2 如步骤1的箭头所示转动针头,挂线引拔。
3 重复步骤1和2,继续钩织。
4 5针锁针完成。

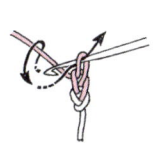

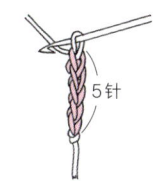

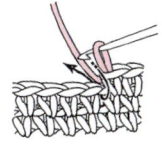

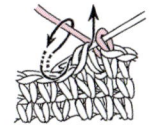

× 短针

1 在前一行的针脚中插入钩针。
2 针头挂线,向前拉出线圈(拉出后的状态叫作未完成的短针)。
3 针头挂线,一次性引拔穿过2个线圈。
4 1针短针完成。

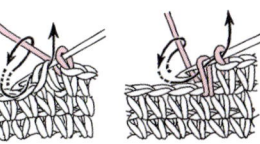

┬ 长针

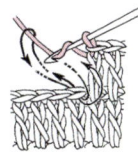

1 针头挂线,在前一行的针脚中插入钩针。再次挂线,向前拉出线圈。
2 如箭头所示在针头挂线,引拔穿过2个线圈(引拔后的状态叫作未完成的长针)。
3 针头再次挂线,引拔穿过剩下的2个线圈。
4 1针长针完成。

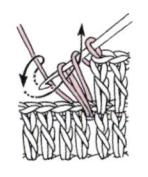

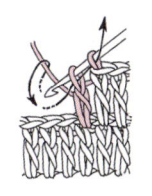

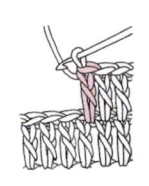

∧ 短针2针并1针   短针3针并1针 *( )内是短针3针并1针时的针数

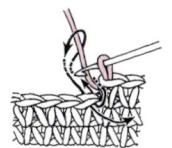

1 如箭头所示在前一行的针脚中插入钩针,挂线后拉出。
2 按相同要领从下一个针脚中拉出线圈(3针并1针时,再从下下个针脚中拉出线圈)。
3 针头挂线,一次性引拔穿过3(4个)线圈。
4 短针2针并1针完成。比前一行少了1针。

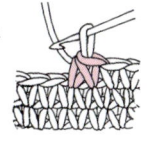

∨ 短针1针放2针   短针1针放3针

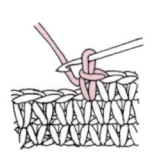

1 在前一行的针脚里钩1针短针。
2 在同一个针脚中插入钩针拉出线圈,钩织短针。
3 图为完成短针1针放2针后的状态。1针放3针时,在同一个针脚里再钩1针短针。
4 图为在前一行的1针里钩入3针短针后的状态。比前一行多了2针。

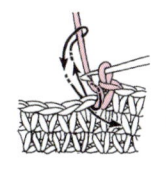

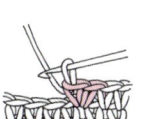

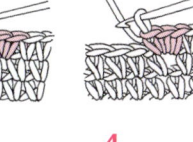

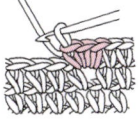

长针1针放2针

※ 2针以上或者长针以外的情况也按相同要领，在前一行的1针里钩织指定针数的指定针法

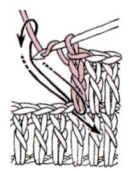

1 钩1针长针后，在同一个针脚里再钩入1针长针。

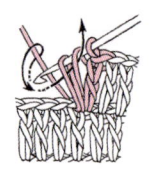

2 针头挂线，引拔穿过2个线圈。

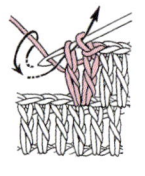

3 针头再次挂线，引拔穿过剩下的2个线圈。

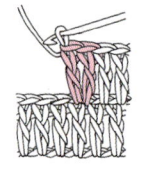

4 在前一行的1针里钩入2针长针后的状态。比前一行多了1针。

短针的条纹针

＊每圈朝同一个方向钩织短针的条纹针。

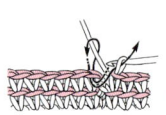

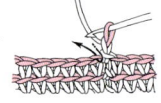

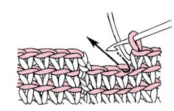

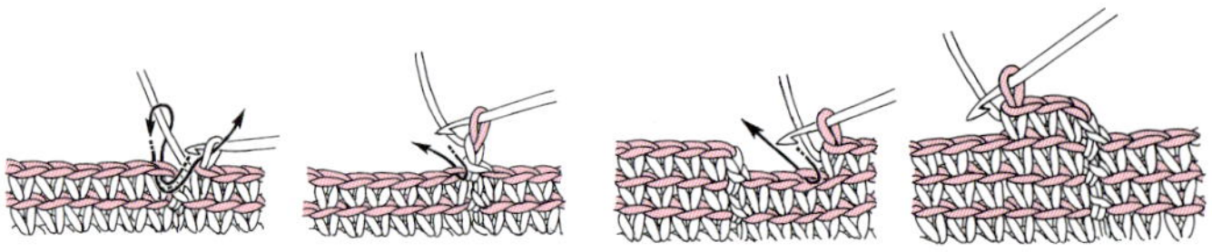

1 每圈看着正面钩织。钩完1圈后，在第1针里引拔连接成环状。

2 钩1针锁针起立针，接着在前一圈头部的外侧半针里挑针，钩织短针。

3 按与步骤2相同的要领，在外侧半针里挑针，继续钩织短针。

4 前一圈的内侧半针呈条纹状保留下来。图中为钩织第3圈短针的条纹针的状态。

逆短针

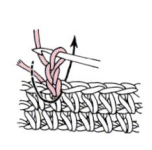

1 钩1针锁针起立针，如箭头所示从前面插入钩针。

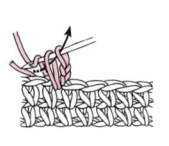

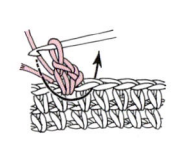

2 挂线，如箭头所示拉出。

3 再次挂线，一次性引拔穿过2个线圈。

4 如箭头所示从前面插入钩针。

5 挂线，如箭头所示拉出。

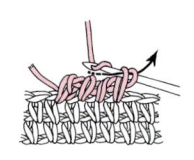

6 再次挂线，一次性引拔穿过2个线圈。重复以上操作，继续钩织逆短针。

罗纹绳的钩织方法   参照 p.28 步骤详解

1 线头　留出3倍于需要长度的线头，制作起始针（参照p.60）。

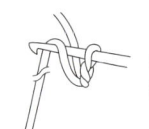

2 将线头从前往后挂在针上。

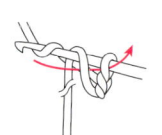

3 在针头挂上编织线引拔。

4 重复步骤2、3，钩织所需针数。结束时不要挂上线头，直接钩织锁针。

卷针缝
（挑取全针的方法）

1 将织物正面朝上对齐，在针脚头部的2根线里挑针，将线拉出。在缝合起点和终点的针脚里挑2次针。

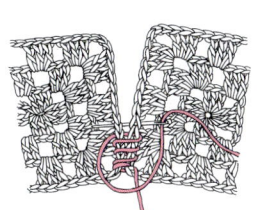

2 1针1针地挑针缝合。

3 缝合至末端的状态。

卷针缝
（挑取半针的方法）

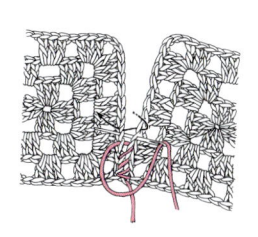

将织物正面朝上对齐，在外侧半针（针脚头部的1根线）里挑针，将线拉出。在缝合起点和终点的针脚里挑2次针。

引拔接合

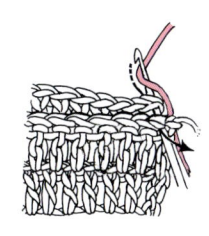

1 将2片织物正面朝内对齐，在边针里插入钩针将线拉出，针头再次挂线引拔。

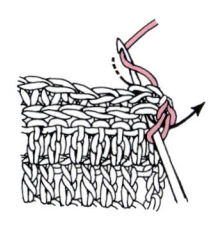

2 在下一针里插入钩针，针头挂线引拔。重复此操作，1针1针地引拔接合。

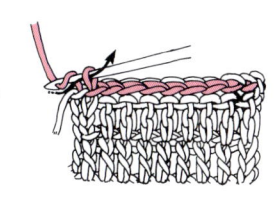

3 最后在针头挂线引拔。

日文原版图书工作人员		
图书设计	植村明子　pond inc.	
摄影	大岛明子（作品）	
	本间伸彦（步骤详解、线材介绍）	
造型	铃木亚希子	
发型&化妆	AKI	
模特	井上·海伦娜（Helena Inoue）	
作品设计	冈真理子　冈本启子	
	河合真弓	
	丰秀环奈　桥本真由子	
	沟畑弘美	
钩织方法解说、制图	加藤千绘	
钩织方法校对、步骤详解	增子满	
步骤协助	河合真弓	

原文书名：かぎ針編みのワユーバッグ
原作者名：E&G CREATES
Bobari Ami No Tanoshii Amikomi Hyojo Yutakana Animal Pattern
Copyright ©apple mints 2023
Original Japanese edition published by E&G CREATES.CO.,LTD.
Chinese simplified character translation rights arranged with E&G CREATES.CO.,LTD.
Through Shinwon Agency Beijing Office.
Chinese simplified character translation rights © 2025 by China Textile & Apparel Press.

本书中文简体版经日本E&G创意授权，由中国纺织出版社有限公司独家出版发行。本书内容未经出版者书面许可，不得以任何方式或任何手段复制、转载或刊登。

著作权合同登记号：图字：01-2024-0917

图书在版编目（CIP）数据

钩编圆滚滚的瓦尤包袋 / 日本E&G创意编著 ；蒋幼幼译. -- 北京 ：中国纺织出版社有限公司，2025. 4.
ISBN 978-7-5229-2524-0

Ⅰ．TS935.521-64

中国国家版本馆CIP数据核字第2025B5S560号

责任编辑：刘茸　　责任校对：王蕙莹　　责任印制：王艳丽

中国纺织出版社有限公司出版发行
地址：北京市朝阳区百子湾东里 A407 号楼　邮政编码：100124
销售电话：010—67004422　传真：010—87155801
http://www.c-textilep.com
中国纺织出版社天猫旗舰店
官方微博 http://weibo.com/2119887771
北京华联印刷有限公司印刷　各地新华书店经销
2025 年 4 月第 1 版第 1 次印刷
开本：787×1092　1/16　印张：4
字数：69 千字　定价：59.80 元

凡购本书，如有缺页、倒页、脱页，由本社图书营销中心调换